企业应急管理与预案编制系列读本

冶金生产事故
应急管理与预案编制

企业应急管理与预案编制系列读本编委会　编
主　编　杜志托
副主编　郑毛景

中国劳动社会保障出版社

图书在版编目(CIP)数据

冶金生产事故应急管理与预案编制/《企业应急管理与预案编制系列读本》编委会编. —北京：中国劳动社会保障出版社，2015

企业应急管理与预案编制系列读本

ISBN 978-7-5167-1792-9

Ⅰ.①冶…　Ⅱ.①企…　Ⅲ.①冶金工业-生产-事故处理-应急对策　Ⅳ.①TF

中国版本图书馆 CIP 数据核字(2015)第 081466 号

中国劳动社会保障出版社出版发行

（北京市惠新东街 1 号　邮政编码：100029）

*

北京金明盛印刷有限公司印刷装订　新华书店经销

880 毫米×1230 毫米　32 开本　7.25 印张　177 千字

2015 年 4 月第 1 版　　2015 年 4 月第 1 次印刷

定价：25.00 元

读者服务部电话：（010）64929211/64921644/84643933

发行部电话：（010）64961894

出版社网址：http://www.class.com.cn

丛书编委会名单

本书主编　杜志托

副 主 编　郑毛景

内容提要

本书为“企业应急管理与预案编制系列读本”之一，根据新修订的安全生产法要求，紧扣冶金企业生产安全事故应急预案编制方法这一中心，全面介绍事故应急管理和技术处置知识，旨在提高冶金企业的应急能力，规范应急的操作程序和指导应急预案编制。

本书主要内容包括：概述，应急管理与体系建立，冶金企业应急预案编制，应急教育、培训和演练，应急响应工作，应急处置与救援行动，应急恢复。

本书可作为安全生产监督管理人员、行业安全生产监督管理人员、企业安全生产管理人员、企业应急管理和工作人员、其他与应急活动有关的专业技术人员读本，还可作为企业从业人员知识普及用书。

前言

Preface

我国最新修订的《安全生产法》与《职业病防治法》均明确规定，各级政府与部门、各类行业与生产经营单位要制定生产安全事故应急救援预案，建立应急救援体系。《安全生产“十二五”规划》（国办发〔2011〕47 号）中也再次明确要求：要“推进应急管理体制机制建设，健全省、市、重点县及中央企业安全生产应急管理体系，完善生产安全事故应急救援协调联动工作机制”。建立生产安全事故应急救援体系，提高应对重特大事故的能力，是加强安全生产工作、保障人民群众生命财产安全的现实需要。对于提高政府预防和处置突发事件的能力，全面履行政府职能，构建社会主义和谐社会具有十分重要的意义。

随着我国经济飞速发展，能源和其他生产资料需求明显加快，各类生产型企业和一些新兴科技产业规模越来越大，一旦发生事故，很可能造成重大的人员伤亡和财产损失。我国的安全生产方针是“安全第一、预防为主、综合治理”，加强生产安全管理，提高安全生产技术，做好事故的预防工作，可以避免和减少生产安全事故的发生。但同时，应引起企业高度重视的问题是一旦发生事故，企业应如何应对，如何采取迅速、准确、有效的应急救援措施来减少事故发生后造成的人员伤亡和经济损失。目前，我国正处于经济转型期，安全生产形势日益严峻，企业迫切需要加快应急工作进程，加强应急救援体系的建设。该项工作已成为衡量和评价企业安全的重要指标之一。事故应急救援是一项系统性和综合性的工作，既涉及科学、技术、管理，又涉及政策、法规和标准。

为了提高生产经营企业应对突发事故的能力，我们特组织有关行业、企业主管部门及高校与科研院所的专家，编写出版了“企业应急管理与预案编制系列读本”。本系列读本紧扣行业企业生产安全事故应急管理和预案编制工作这一中心，将事故应急工作中的行政管理和技术处置知识有机结合，指导企业提高生产安全事故现场应急能力与技术水平，规范应急操作程序。系列读本突出实用性、可操作性、简明扼要的特点，以期成为一部企业应急管理和工作人员平时学习、战时必备的实用手册。各读本在编写中注重理论联系实际，将国家有关法律、法规和政策、相关专业机构和人员的职责、应急工作的程序与各类生产安全事故的处置有机结合，充分体现“预防为主、快速反应、职责明确、程序规范、科学指导、相互协调”的原则。

本套丛书在编写过程中，听取了不少专家的宝贵意见和建议。在此对有关单位专家表示衷心的感谢！本套丛书难免存在疏漏之处，敬请批评指正，以便今后补充完善。

目 录

CONTENTS

第一章 概述

第二章 应急管理与体系建立

第三章 冶金企业应急预案编制

第一章 概述

第一节 冶金企业安全生产事故

一、冶金常见工艺流程

一般情况下，黑色金属矿石的成分比较单一，通常采用火法冶金的方法进行处理，即使有的矿石较为复杂，通过火法冶金之后，也能促使其伴生的有价金属进入渣中，再进行处理，如高炉冶炼用钒钛磁铁矿就是属于这种类型。有色金属矿石的冶炼，由于其矿石或精矿的矿物成分极其复杂，含有多种金属矿物，不仅要提取或提纯某种金属，还要考虑综合回收各种有价值金属，以充分利用矿物资源和降低生产费用。因此，其冶金过程要用两种或两种以上的方法才能完成。

由矿石或精矿提取和提纯金属不是一步可以完成的，需要分为若干个阶段才能实现，但各个阶段的冶炼方法和使用的设备都不相同。各阶段过程间的联系及其所获得的产品（包括中间产物）间流动线路图就称为某一种金属的冶炼工艺流程图，如图 1—1、图 1—2 所示分别为钢铁冶金和镍钴铜提取的工艺流程简图。根据表示内容的不同，工艺流程图可分为设备连接图、原则流程图和数质量流程图。设备连接图是表示冶炼厂主要设备之间联系的图，原则流程图是表示各阶段作业间联系为主的图，数质量流程图则是表示各阶段作业所获产物的数量和质量情况的图。

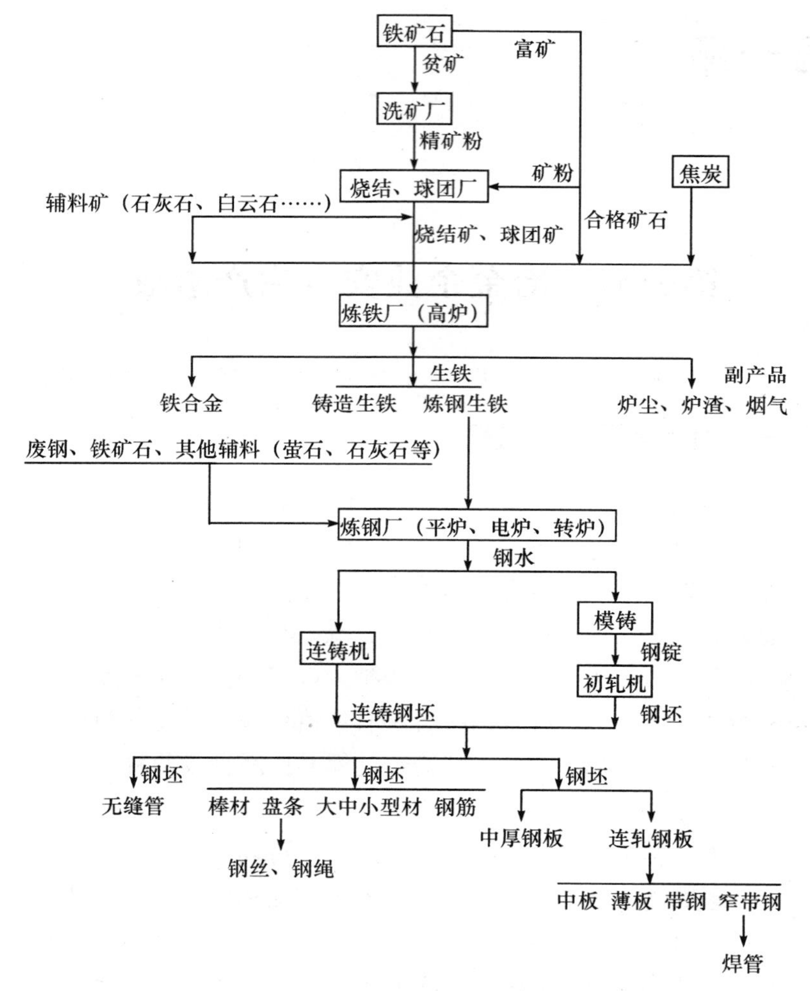

图 1—1　钢铁冶金生产流程简图

从钢铁冶金和镍钴铜提取的工艺流程简图可知，一种金属的冶金工艺流程包括多个冶炼阶段，而每一个冶炼阶段可能是火法、湿法或电化学冶金的方法。所以，通常把每一个冶炼阶段称为冶金过

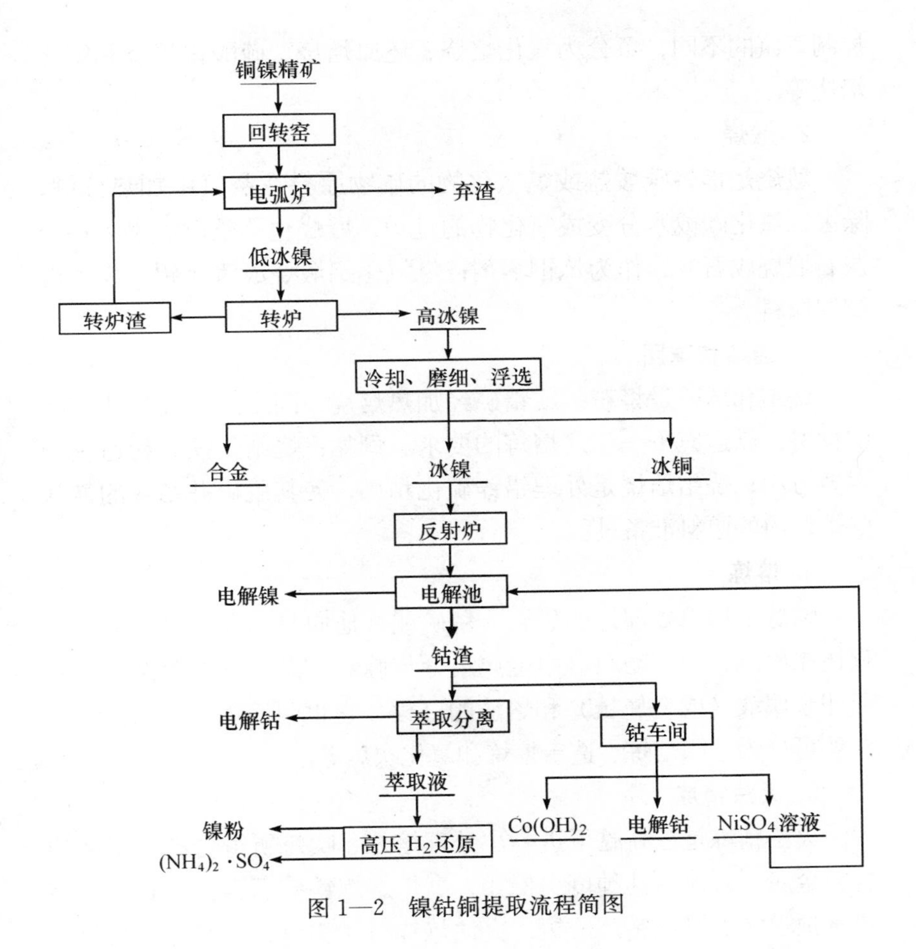

图 1—2　镍钴铜提取流程简图

程。如高炉炼铁是火法冶金过程，锌焙砂浸出是湿法冶金过程，而净化液电积则为电化学冶金过程。

冶金工艺过程包括许多单元操作和单元过程。

1. 焙烧

焙烧是指将矿石或精矿置于适当的气氛下，加热至低于它们的熔点温度，发生氧化、还原或其他化学变化的过程。其目的是改变原料中提取对象的化学组成，满足熔炼或浸出的要求。焙烧过程按控制气氛的不同，可分为氧化焙烧、还原焙烧、硫酸化焙烧和氯化焙烧等。

2. 煅烧

煅烧是指将碳酸盐或氢氧化物的矿物原料在空气中加热分解，除去二氧化碳或水分变成氧化物的过程，煅烧也称焙解。例如：石灰石煅烧成石灰，作为炼钢溶剂；氢氧化铝煅烧成氧化铝，作为电解铝原料。

3. 烧结和球团

烧结和球团是将粉矿或精矿经加热焙烧、固结成多孔状或球状的物料，以适应下一工序熔炼的要求。例如：烧结是铁矿粉造块的主要方法；烧结焙烧是处理铅锌硫化精矿，使其脱硫并结块的鼓风炉熔炼前的原料准备过程。

4. 熔炼

熔炼是指将处理好的矿石、精矿或其他原料，在高温下通过氧化还原反应，使矿物原料中金属组分与脉石和杂质分离为两个液相层即金属液（或金属锍）和熔渣的过程，它也叫冶炼。熔炼按作业条件可分为还原熔炼、造锍熔炼和氧化吹炼等。

5. 火法精炼

火法精炼是在高温下进一步处理熔炼、吹炼所得含有少量杂质的粗金属，以提高其纯度。例如，高炉熔炼铁矿石得到生铁，再经氧气顶吹转炉氧化精炼成钢；火法炼锌得到粗锌，再经蒸馏精炼成纯锌。火法精炼的种类很多，如氧化精炼、硫化精炼、氧化精炼、熔析精炼、碱性精炼、区域精炼、真空冶金、蒸馏等。

6. 浸出

浸出是指用适当的浸出剂（如酸、碱、盐等水溶液）选择性地与矿石、精矿、焙砂等矿物原料中的金属组分发生化学作用，并使之溶解而与其他不溶组分初步分离的过程。目前，世界上大约15%的铜，80%以上的锌，几乎全部的铝、钨、钼都是通过浸出而与矿物原料中的其他组分得到初步分离的。浸出又称浸取、溶出、湿法分解，如在重金属冶金中常称浸出、浸取等，在轻金属冶金中常称溶出，而在稀有金属冶金中常常将矿物原料的浸出称为湿法分解。

7. 液固分离

液固分离是指将矿物原料经过酸、碱等溶液处理后的残渣与浸出液组成的悬浮液分离成液相与固相的湿法冶金单元过程。在该过程的固液之间一般很少再有化学反应发生，主要是用物理方法和机械方法进行分离，如重力沉降、离心分离、过滤等。

8. 溶液净化

溶液净化是指将矿物原料中与欲提取的金属一道溶解进入浸出液的杂质金属除去的湿法冶金单元过程。净液的目的是使杂质不至于危害下一工序对主金属的提取。其方法多种多样，主要有结晶、蒸馏、沉淀、置换、溶剂萃取、离子交换、电渗析和膜分离等。

9. 水溶液电解

水溶液电解是利用电能转化的化学能使溶液中的金属离子还原为金属而析出，或使粗金属阳极经由溶液精炼沉积于阴极。前者从浸出净化液中提取金属，故又称电解提取或电解沉积（简称电积），也称不溶阳极电解，如铜电积、锌电积；后者以粗金属原料进行精炼，常称电解精炼或可溶阳极电解，如粗铜、粗铅的电解精炼。

10. 熔盐电解

利用电热维持熔盐所要求的高温，同时利用直流电转换的化学能自熔盐中还原金属，如铝、镁、钽、铌的熔盐电解生产。

在考虑某种金属的冶炼工艺流程及确定冶金单元过程时，应注意分析原料条件（包括化学组成、颗粒大小、脉石和有害杂质等）、冶炼原理、冶炼设备、冶炼技术条件、产品质量和技术经济指标等。另外，还应考虑水电供应、交通运输等辅助条件。其总的要求（或原则）是过程越少越好，工艺流程越短越好。

由于冶金原料成分的复杂性，使用的冶金设备也是多种多样的，如火法冶金中的高炉、烧结机、沸腾炉、闪速炉、转炉、回转窑、反射炉、鼓风炉、电炉、炉外精炼设备等。湿法冶金中有各种形式的电解槽和各种反应器。除此之外，还有收尘设备、液固分离设备。这些设备的选用同样决定着冶金过程的效果，甚至是冶金能否取得成功的关键。

需要提及的是，冶炼金属的工艺流程除了提取、提纯金属以外，还要同时回收伴生有价金属，重视三废（废气、废渣、废液）治理和综合利用等方面的问题。因此完整的工艺流程是很复杂的，所包含的冶金过程也是很多的。

二、冶金企业常见事故类型

1. 事故分类

由于冶金企业的工艺过程复杂，其事故类型也较多，主要有以下几个方面：

（1）火灾事故。包括煤气等燃料使用或管理不善，导致煤气泄漏引发的火灾；电器、电缆漏电短路引发的火灾；油箱或充油电气设备（如变压器、电抗器等）故障或老化而导致油品喷出或泄漏而导致的火灾；熔融金属喷溅或泄漏导致的火灾；雷击引发的火灾；人为纵火等。

（2）爆炸事故。包括煤气泄漏引发的爆炸、熔融金属遇水发生的爆炸、煤粉爆炸、锅炉爆炸、炉渣爆炸、油品爆炸等。

（3）机械伤害和物体打击。机械伤害是冶金企业中的主要危险因素之一，发生的可能性很大。冶金企业各车间的设备众多，如运动部件因防护缺损而外露、设备控制故障、安全装置失效以及操作失误等，都可能造成机械伤害。特别是在设备故障检修作业中，因冶金企业中的设备普遍很高大、维修部件多且重、检修部位高等不利因素，造成检修作业中机械伤害事故高发。因冶金企业各车间操作平台错落布置，可能因高处平台物料摆放不规范、齐整，或作业时意外将工具、物料掉落等，均可能砸伤下面的作业人员。

(4) 起重事故。包括起重机在运行中对人体造成挤压或撞击；起重机吊钩超载断裂、吊运时钢丝绳从吊钩中滑出；调运中重物坠落造成物体打击，重物从空中落下又反弹伤人；钢丝绳或麻绳断裂、使用应报废的钢丝绳、吊运超过额定起重量的吊物等造成重物下落；机械传动部分未加防护，造成机械伤害；违章在卷扬机钢丝绳上面通过，运动中的钢丝绳将人挤伤或绊倒；电气设备漏电、保护装置失效、裸导线未加屏蔽等造成触电；吊运时无人指挥、作业区内有人逗留、运行中的起重机的吊具及重物撞击行人；吊挂方式不正确，造成吊物从吊钩中脱出；钢丝绳从滑轮轮槽中跳出；制动器出现裂纹、摩擦垫片磨损过多等。起重操作在冶金企业生产过程中是非常重要的一个环节，特别是在起重运输钢水包时，一旦钢水包坠落，可能引发重大伤亡事故。

(5) 高处坠落。冶金企业的车间高度高达几十米，转炉、高炉、精炼炉等大型设备较多，各操作平台、检修平台或巡检线路高低布置，上下楼梯纵横交错。如果作业平台防护有缺陷、楼梯湿滑、行走不慎等，都可能导致作业人员从高空坠落。另外，高处作业、高处检修时如果没配戴全个人防护设施，如安全带、安全帽、耐热或绝缘手套等，也都可能导致高处坠落事故的发生。

(6) 高温中暑和灼伤。冶金行业的很多操作，如冶炼、烧结、焦化、煅烧等都是高温作业，一旦工人劳动量过大，休息不足，水分和盐分补充不及时，就会造成中暑，严重时可导致休克。灼伤包括：人员在经过发热设备时造成的热气流灼伤；废渣、熔融金属喷溅灼伤；人员接触高温设备造成的灼伤等。

(7) 中毒。主要是指焦炉、高炉、转炉等使用煤气作为燃料的设备由于设备使用不当或排风不畅导致的一氧化碳中毒和硫化氢中毒。此外，还包括发生火灾时由于不完全燃烧导致的有毒气体中毒。在很多有色金属生产过程中会产生大量的有毒气体和粉尘（如铝电解过程中会产生气态氟化氢及粉尘)，如果设备密闭性不好或通风设备出现故障，就会导致作业人员发生急性中毒事故。

(8) 触电。包括人员误操作和设备老化漏电导致的触电事故、雷击导致的触电事故等。

(9) 车辆伤害。包括汽车、火车、皮带运输过程中发生的车辆事故。

2. 事故案例分析

按照可能造成的后果，冶金企业主要事故包括：高炉垮塌事故，煤粉爆炸事故，钢水、铁水爆炸事故，煤气火灾、爆炸事故，煤气、硫化氢、氰化氢中毒事故，氧气火灾事故等。

(1) 高炉垮塌事故。高炉垮塌事故通常是指在对高炉进行检修时，由于违规操作和安全监管不善，导致的高炉内衬、残留物以及附属设备坍塌的事故。

事故案例：

2005 年 4 月 4 日 13 时 30 分左右，正在大修的水城钢铁集团公司 2 号高炉在清理炉渣的过程中，高炉内衬及残留物突然发生坍塌，造成正在现场的 40 名作业人员中，8 人死亡，3 人重伤，8 人轻伤。经事故调查组的调查，该事故是一起重大责任事故。酿成这起重大安全生产事故的原因主要有三点：一是水钢 2 号高炉清理炉渣工程的承包者，组织民工在没有任何安全防护措施、不具备安全生产条件的环境中作业，劳动组织不合理，且违章放炮、违章指挥，致使事故发生；二是中国有色金属工业集团第十四冶金建设公司承包水钢 2 号高炉的炉渣清理后，违反有关规定，将工程转包给无资质的人员承接，以包代管，不按工程方案执行，不依法执行技术规程，无有效的安全措施；三是工程建设方贵州水城钢铁集团公司对该工程的安全监督检查认识不到位，审查安全技术措施把关不严，纠正违章作业不坚决。

(2) 煤粉爆炸事故。煤炭是我国主要的能源原料，又由于冶金企业在冶金方法上多采用火法冶金（特别是钢铁冶金），因此煤炭自然就成为冶金企业的主要能源之一。煤尘本身具有爆炸性，根据有关煤炭科学研究部门的鉴定，除了绝大多数的无烟煤外，其余的各类煤尘均属于爆炸性煤尘。一般来说，煤尘爆炸的下限浓度为30～50 g/m³，上限浓度为1 000～2 000 g/m³，其中爆炸力最强的浓度为300～400 g/m³。煤尘爆炸的引爆温度一般为650～990℃，这种温度在冶金企业这种高温作业行业是很容易产生的。导致煤粉爆炸事故的主要原因是通风和除尘措施不力，造成煤尘积聚，使空气中的煤尘浓度达到爆炸极限，遇明火引燃爆炸。

（3）钢水、铁水爆炸事故。这一类事故主要是指由于高炉爆炸、泄漏、烧穿或由于工人操作不当导致的熔融钢水、铁水外泄和喷溅，遇到非汽化水之后，水迅速膨胀汽化导致的物理性爆炸。这一类爆炸不产生火焰，但破坏力很大，有时也能产生冲击波。

事故案例：

1982年8月16日，武钢炼铁厂操作工误将装有76 t铁水的重罐当作空罐吊运，由于超负荷50 t，吊车起吊后，重罐迅速下坠，罐底坠到罐坑边缘，罐体猛然倾斜，铁水冲出流入坑内，与坑内积水相遇立即引起爆炸。事故导致14名工人死亡，直接经济损失90余万元。

（4）煤气火灾、爆炸事故。这一类事故主要是由于煤气泄漏后遇明火燃烧，当泄漏到空气中的煤气浓度达到爆炸极限时，遇明火会产生爆炸。而冶金企业煤气的泄漏主要原因是：冶金企业的“三违”操作；设计、施工、检修不符合实际；缺乏冶金企业的专家型煤气作业指挥人员和相关技术人员；煤气作业程序简单化。

事故案例：

2004年9月23日16时左右，新兴铸管股份有限公司在建高炉煤气综合利用发电项目75 t燃气锅炉进行单位设备负荷调试，在点火时该锅炉突然发生煤气爆炸，使该在建项目的锅炉、管道、烟囱等设备损坏和垮塌，造成 13 人死亡，8 人受伤，直接经济损失 500 万元。

（5）煤气、硫化氢、氰化氢中毒事故。这一类事故主要指设备设施局部设计不合理以及安全监管不严，导致气体泄漏、通风不善，从而造成的工作人员中毒。

事故案例：

2005 年 2 月 22 日 6 时许，湖北省大冶市华鑫实业有限公司炼铁厂一名焦炭看料工到 4 号料仓查看储料情况时，因吸入加热管道中排出的废气，中毒掉入仓内，同班另外 3 名工人见此情景，争相过来施救，结果都因吸入废气而依次掉入料仓。厂方接到报告后，立即停止煤气加热炉运作，并组织抢救。3 名工人被紧急送往大冶市人民医院，经抢救无效全部死亡。

（6）氧气火灾事故。氧气自身是不燃气体，但它却是氧化剂、助燃剂。在很多情况下，只要提供足够的氧气或高浓度的氧气，会让很多物质易燃易爆。因此，在冶金企业，为了避免氧气火灾事故的发生，应该加强安全监管，控制好氧气的储运和使用，防止氧气泄漏。

事故案例：

2007 年 4 月 18 日 7 时 45 分，辽宁省铁岭市清河特殊钢有限责任公司炼钢车间在生产过程中，当钢水包位于浇注台车上方，包底距地面约 5. 5 m，开始下行作业时，由于电气控制系统故障及操作失误，导致钢水包失控下坠，包内近 30 t 约 1 590℃的钢水涌出，冲向约 6 m 外的真空炉平台下方工具间，造成正在工具间内开班前会的 30 名接班职工和 1 名车间副主任当场死亡；车间内当班作业职工 1 人当场死亡，6 人重伤。清河特钢“4 · 18”钢水包倾覆特别重大事故，是新中国建立以来冶金行业一次死亡人数最多的一起生产安全事故。

三、事故特点

冶金生产过程既有冶金工艺所决定的高热能、高势能的危害，又有化工生产具有的有毒有害、易燃易爆和高温高压危险。同时，还有机具、车辆和高处坠落等伤害，特别是冶金生产中易发生的钢水、铁水喷溅爆炸、煤气中毒或燃烧、爆炸等事故，其危害程度极为严重。此外，冶金生产的主体工艺和设备对辅助系统的依赖程度很高，如突然停电等可能造成铁水、钢水在炉内凝固，煤气网管压力骤降等而引发重大事故。因此，冶金工厂的危险源具有危险因素复杂、系统庞大、关键控制点多、事故种类繁多、相互影响大、波及范围广、伤害严重等特点。

结合冶金企业事故类型来看，物体打击、机械伤害、高处坠落和起重伤害事故占全部冶金生产事故的绝大多数。据有关统计分析表明，冶金企业事故中机械伤害最多，约占 18%；其次是物体打击、高处坠落和起重伤害，分别占 17. 7%、13%和 12%。

从冶金工序来看，轧钢厂伤亡事故最多，约占伤亡总数的 16. 7%；其次是炼钢厂，约占 13. 5%；炼铁厂约占 9. 6%；烧结、焦化和耐火厂约占 8. 3%；矿山约占 7. 8%；供电、供热、氧气、燃气及铁合金等辅助部门约占 3. 1%。此外，其他辅助生产约占伤亡总数的 31. 41%（含建筑施工单位），其他部门约占 11. 5%。

从有色金属冶炼来看，转炉车间和熔炼车间发生的伤亡事故较多，其次是制硫酸车间。其中精炼炉工、反射炉工、电解精炼工、锅炉工、吊车工（指吊）、制酸工及钳工发生事故较多，是需要重点教育培训的工种。

第二节　冶金企业危险源辨识

根据最新修订的《安全生产法》，重大危险源是指长期或者临时生产、搬运、使用或储存危险物品，且危险物品的数量等于或超过临界量的单元（包括场所和设施）。对重大危险源施行监管的第一步是普查辨识，正确辨识重大危险源是有效预防和控制重大工业事故发生的前提。普查辨识是为了掌握重大危险源的数量、类别、分布、周边情况、可能出现的危险事故等必需的信息。

一、危险源种类

1. 主要危险、有害因素

根据《冶金企业安全卫生设计规定》，冶金企业建设项目危险、有害因素主要分为自然危害因素和生产过程中产生的危险、有害因素两大类。

（1）自然危害因素。

1）暴雨、洪水。

2）雷电。

3）地震。

4）不良地质地段。

5）飓风等的不利影响。

6）暑、热、寒、冻的不利影响。

7）其他。

（2）生产过程中产生的危险、有害因素。

1）火灾、爆炸。

2）机械伤害和人体坠落。

3）强电、静电。

4）尘、毒。

5）高温辐射。

6）振动与噪声。

7）放射线。

8）其他。

2. 重大危险源的分类

对于重大危险源，根据《重大危险源辨识》（GB 18218—2000）的规定，将其分为生产场所重大危险源和储存区重大危险源两种。其中，生产场所重大危险源又分为四类（见表1—1）。

表1—1　　重大危险源物质品名及临界量举例

类　别	举例物质	临界量/t	
		生产场所	储存区
爆炸性物质（26种）	硝酸铵	25	250
易燃物质（34种）	汽油	2	20
活性化学物质（21种）	过氧化钠	2	20
有毒物质（61种）	硫化氢	2	5

（1）爆炸性物质。

（2）易燃物质。

（3）活性化学物质。

（4）有毒物质。

此外，国家安全生产监督管理总局《关于开展重大危险源监督管理工作的指导意见》（安全监管协调字［2004］56号）中规定，重大危险源申报的类别为以下九类：储罐区（储罐）、库区（库）、生产场所、压力管道、锅炉、压力容器、煤矿（井工开采）、金属非金属地下矿山、尾矿库。

二、危险源辨识方法

一般来说，可以将危险源辨识方法粗略地分为直接经验法和系统安全分析法两大类。

1. 直接经验法

与有关的标准、规范、规程或经验相对照来辨识危险源。有关的标准、规范、规程，以及常用的安全检查表，都是在大量实践经验的基础上编制而成的。因此，直接经验法是一种基于经验的方法，适用于有以往经验可提供借鉴的情况。

2. 系统安全分析法

系统安全分析是从安全角度进行的系统分析，通过揭示系统中可能导致系统故障或事故的各种因素及其相互关联来辨识系统中的危险源。比较常见的系统安全分析方法有预先危险性分析法（PHA）、事故后果分析法、故障类型和影响分析法（FMEA）、危险性和可操作性研究法（HAZOP）、事件树分析法（ETA）、安全检查表法、事故树分析法（FTA）、管理疏忽和危险树法（MORT）等。

对于重大危险源的辨识方法，可以根据下式进行衡量：

$$\sum_{i=1}^{N}\frac{q_i}{Q_i}\geqslant 1$$

式中　q_i—— 单元中第 i 种危险物质的实际存储量；

Q_i—— 单元中第 i 种危险物质的临界量；

N ——单元中危险物质的种类数。

由上式可知，当单元内的危险物质量满足此式时，可以认定为重大危险源。

第三节　冶金事故应急预案

以下内容节选自国家安全生产监督管理总局2006年颁布的《冶金事故灾难应急预案》。

一、总则

1. 目的

规范冶金事故灾难应急管理和应急响应程序，建立统一领导、分级负责、反应快捷的应急工作机制，及时有效地开展应急救援工作，最大限度地减少人员伤亡和财产损失。

2. 编制依据

《安全生产法》《消防法》《危险化学品安全管理条例》等有关法律法规和《国家安全生产事故灾难应急预案》。

3. 适用范围

本预案适用于冶金生产过程中发生的下列爆炸、火灾、高炉垮塌、中毒等事故灾难的应对工作：

（1）符合Ⅰ级响应条件的事故（见附则）。

（2）超出省（区、市）人民政府应急处置能力的事故。

（3）国家安全生产监督管理总局（以下简称安全监管总局）认为需要处置的事故。

二、组织指挥体系与职责

1. 协调指挥机构与职责

在国务院及国务院安委会统一领导下，安全监管总局负责统一指导、协调冶金事故灾难应急救援工作，国家安全生产应急救援指挥中心（以下简称应急指挥中心）具体承办有关工作。安全监管总局成立冶金事故应急工作领导小组（以下简称领导小组）。领导小组的组成及成员单位主要职责：

组长：安全监管总局局长。

副组长：安全监管总局分管调度、应急管理和冶金行业安全监管工作的副局长。

成员单位：办公厅、政策法规司、安全生产协调司、调度统计司、监督管理一司、应急指挥中心、机关服务中心、通信信息中心。

（1）办公厅。负责应急值守，及时向安全监管总局领导报告事故信息，传达安全监管总局领导关于事故救援工作的批示和意见；向中央办公厅、国务院办公厅报送《值班信息》，同时抄送国务院有关部门；接收党中央、国务院领导同志的重要批示、指示，迅速呈报安全监管总局领导阅批，并负责督办落实；需派工作组前往现场协助救援和开展事故调查时，及时向国务院有关部门、事发地省级政府等通报情况，并协调有关事宜。

（2）政策法规司。负责事故信息发布工作，与中宣部、国务院新闻办及新华社、人民日报社、中央人民广播电台、中央电视台等主要新闻媒体联系，协助地方有关部门做好事故现场新闻发布工作，正确引导媒体和公众舆论。

（3）安全生产协调司。根据安全监管总局领导指示和有关规定，组织协调安全监察专员赶赴事故现场参与事故应急救援和事故调查处理工作。

（4）调度统计司。负责应急值守，接收、处置各地和各部门上报的事故信息，及时报告安全监管总局领导，同时转送安全监管总局办公厅和应急指挥中心；按照安全监管总局领导指示，起草事故救援处理工作指导意见；跟踪、续报事故救援进展情况。

（5）监督管理一司。提供事故单位相关信息，参与事故应急救援和事故调查处理工作。

(6) 应急指挥中心。按照安全监管总局领导指示和有关规定下达有关指令，协调指导事故应急救援工作；提出应急救援建议方案，跟踪事故救援情况，及时向安全监管总局领导汇报；协调组织专家咨询，为应急救援提供技术支持；根据需要，组织、协调调集相关资源参加应急救援工作。

(7) 机关服务中心。负责安全监管总局事故应急处置过程中的后勤保障工作。

(8) 通信信息中心。负责保障安全监管总局外网、内网畅通运行，及时通过网站发布事故信息及救援进展情况。

2. 有关部门支持配合

事故灾难应急救援工作需要国务院有关部门支持配合时，安全监管总局按照《国家安全生产事故灾难应急预案》协调有关部门配合和提供支持。事故灾难造成突发环境污染事件时，安全监管总局协调国务院有关部门启动相关应急预案。

3. 现场应急救援指挥部及职责

现场应急救援指挥按照分级响应的原则，由相应的地方人民政府组成现场应急救援指挥部，地方人民政府负责人为总指挥，有关部门（单位）参加。现场应急救援指挥部负责指挥所有参与应急救援的队伍和人员实施应急救援，并及时向安全监管总局报告事态发展及救援情况。需要外部力量增援时，报请安全监管总局协调，并说明需要的救援力量、救援装备等情况。事故灾难跨省级行政区、跨多个领域或影响特别重大时，由安全监管总局或者国务院有关部门协调成立现场应急救援指挥部。

三、预防预警

1. 危险源监控与报告

生产经营单位按照《关于规范重大危险源监督与管理工作的通知》(安监总协调字［2005］125 号）要求，对重大危险源进行管理，建立重大危险源档案，并按规定将有关材料报送当地县级以上人民政府安全生产监督管理部门备案；对可能引发事故的信息进行监控和分析，采取有效预防措施。各级安全生产监督管理部门、应急救援指挥机构建立本辖区内重大危险源和事故隐患档案；定期分析、研究可能导致安全生产事故的信息，研究制定应对方案，及时通知有关部门和企业采取预防措施，并按照有关规定将重大危险源及时上报。

2. 预警行动

各级安全生产监督管理部门、应急救援指挥机构接到可能导致冶金事故的信息后，应按照分级响应的原则及时研究确定应对方案，并通知有关部门、单位采取有效措施预防事故发生；当本级、本部门应急救援指挥机构认为事故较大，有可能超出本级处置能力时，要及时向上级应急救援指挥机构报告；上级应急救援指挥机构应及时研究应对方案，采取预警行动。

3. 信息报告与处理

（1）生产经营单位发生事故后，现场人员应立即将事故情况报告企业负责人，并在保证自身安全的情况下按照现场处置程序立即开展自救。

（2）单位负责人接到事故报告后，应迅速组织救援，并按照国家有关规定立即报告当地人民政府和有关部门；紧急情况下，可越级上报。

（3）地方人民政府和有关部门应当逐级上报事故信息，接到Ⅱ级以上响应标准的事故报告后，应当在 2 h 内报告至省（区、市）人民政府；紧急情况下，可越级上报。

中央企业在向企业总部上报事故信息的同时，应当上报当地人民政府和有关部门。省级安全生产监督管理部门、应急救援指挥机构和中央企业总部应当在接报后 2 小时内上报安全监管总局。

（4）调度统计司接到Ⅱ级以上响应标准的事故报告后，按照安全监管总局《重特大事故和重大未遂伤亡事故处置暂行办法》进行处置。

(5) 办公厅及时将有关事故情况编辑成《值班信息》报中央办公厅、国务院办公厅，同时抄送国务院有关部门。

(6) 领导小组成员单位按照职责迅速开展工作。

四、应急响应

1. 分级响应

Ⅰ级应急响应行动由安全监管总局组织实施。Ⅰ级应急响应行动时，事发地各级人民政府按照相应的应急预案全力组织救援。

Ⅱ级及以下应急响应行动的组织实施由省级人民政府决定。地方各级人民政府根据事故灾难或险情的严重程度启动相应的应急预案，超出本级应急救援处置能力时，及时报请上一级应急救援指挥机构实施救援。

省级人民政府Ⅱ级应急响应时，调度统计司立即报告安全监管总局分管领导，通知安全监管总局有关部门负责人进行应急准备。

2. 响应程序

(1) 进入应急准备状态时，根据事故发展态势和现场救援进展情况，领导小组成员单位根据职责，执行如下应急响应程序：

1) 立即向领导小组报告事故情况。

2) 及时将事故情况报告中央办公厅、国务院办公厅，抄送国务院有关部门。

3) 及时掌握事态发展和现场救援情况，并向领导小组报告。

4) 通知有关专家、应急救援队伍、国务院有关部门做好应急准备。

5) 向事故发生地救援指挥机构提出事故救援指导意见。

6) 根据需要派有关人员和专家赶赴事故现场指导救援。

7) 提供有关专家、救援队伍、装备、物资等信息，组织专家咨询。

（2）进入应急响应状态时，根据事态发展和现场救援进展情况，领导小组成员单位根据职责，执行如下应急响应程序：

1）通知领导小组，收集事故有关信息和资料。

2）及时将事故情况报告中央办公厅、国务院办公厅，抄送国务院有关部门。

3）组织专家咨询，提供事故应急救援方案。

4）派有关人员赶赴现场协助指挥。

5）通知有关部门做好交通、通信、气象、物资、环保等工作。

6）通知有关应急救援队伍、专家参加现场救援工作。

7）及时向公众及媒体发布事故应急救援信息，正确引导媒体和公众舆论。

8）根据领导指示，通知国务院安委会有关成员单位。

3. 指挥与协调

按照条块结合、属地为主的原则，事故发生后，发生事故的企业立即启动预案，组织救援；当地人民政府成立事故现场应急救援指挥部，按照应急预案统一组织指挥事故救援工作。省级人民政府实施Ⅱ级应急响应行动时，事故现场应急救援指挥部、省级安全生产监督管理部门应及时向安全监管总局报告事故和救援工作进展以及事故可能造成的影响等信息，及时提出需要协调解决的问题和提供援助的报告。

本预案启动后，安全监管总局组织协调的主要内容是：

（1）根据现场救援工作需要和安全生产应急救援力量的布局，协调调集有关应急救援队伍、装备、物资，保障事故救援需要。

（2）组织有关专家指导现场救援工作，协助当地人民政府提出救援方案，制定防止引发次生灾害的方案。

（3）针对事故引发或可能引发的次生、衍生灾害，及时通知有关方面启动相关应急预案。

（4）协调事故发生地相邻地区配合、支持救援工作。

（5）事故灾难中的伤亡、失踪、被困人员有港澳台或外国人员时，安全监管总局及时通知外交部、港澳办或台办。

（6）必要时，商请部队和武警参加应急救援。

4. 现场紧急处置

现场应急救援指挥部根据事故发展情况，在充分考虑专家和有关方面意见的基础上，依法采取紧急处置措施。涉及跨省级行政区、跨领域或影响严重的紧急处置方案，由安全监管总局协调实施，影响特别严重的报国务院决定。

针对冶金事故的特点，事故发生单位和现场应急救援指挥部应参照以下处置方案和处置要点开展工作。

（1）一般处置方案

1）在做好事故应急救援工作的同时，迅速组织群众撤离事故危险区域，维护好事故现场和社会秩序。

2）迅速撤离、疏散现场人员，设置警示标志，封锁事故现场和危险区域，同时设法保护相邻装置、设备，防止事态进一步扩大和引发次生事故。

3）参加应急救援的人员必须受过专门的训练，配备相应的防护（隔热、防毒等）装备及检测仪器（毒气检测等）。

4）立即调集外伤、烧伤、中毒等方面的医疗专家对受伤人员进行现场医疗救治，适时进行转移治疗。

5）掌握事故发展情况，及时修订现场救援方案，补充应急救援力量。

（2）高炉垮塌事故处置要点。发生高炉垮塌事故，铁水、炽热焦炭、高温炉渣可能导致爆炸和火灾；高炉喷吹的煤粉可能导致煤粉爆炸；高炉煤气可能导致火灾、爆炸；高炉煤气、硫化氢等有毒气体可能导致中毒等事故。处置高炉垮塌事故时要注意：

1）妥善处置和防范由炽热铁水、煤粉尘、高炉煤气、硫化氢等导致的火灾、爆炸、中毒事故。

2）及时切断所有通向高炉的能源供应，包括煤粉、动力电源等。

3）监测事故现场及周边区域（特别是下风向区域）空气中的有毒气体浓度。

4）必要时，及时对事故现场和周边地区的有毒气体浓度进行分析，划定安全区域。

（3）煤粉爆炸事故处置要点。在密闭生产设备中发生的煤粉爆炸事故可能发展成为系统爆炸，摧毁整个烟煤喷吹系统，甚至危及高炉；抛射到密闭生产设备以外的煤粉可能导致二次粉尘爆炸和次生火灾，扩大事故危害。处置煤粉爆炸事故时要注意：

1）及时切断动力电源等能源供应。

2）严禁贸然打开盛装煤粉的设备灭火。

3）严禁用高压水枪喷射燃烧的煤粉。

4）防止燃烧的煤粉引发次生火灾。

（4）钢水、铁水爆炸事故处置要点。发生钢水、铁水爆炸事故，应急救援时要注意：

1）严禁用水喷射钢水、铁水降温。

2）切断钢水、铁水与水进一步接触的任何途径。

3）防止四处飞散的钢水、铁水引发火灾。

（5）煤气火灾、爆炸事故处置要点。发生煤气火灾、爆炸事故，应急救援时要注意及时切断所有通向事故现场的能源供应，包括煤气、电源等，防止事态的进一步恶化。

（6）煤气、硫化氢、氰化氢中毒事故处置要点。冶炼和煤化工过程中可能发生煤气、硫化氢和氰化氢泄漏事故。应急救援时要注意：

1）迅速查找泄漏点，切断气源，防止有毒气体继续外泄。

2）迅速向当地人民政府报告。

3）设置警戒线，向周边居民群众发出警报。

（7）氧气火灾事故处置要点。发生氧气火灾事故，应急救援时要注意：

1）在保证救援人员安全的前提下，迅速堵漏或切断氧气供应渠道，防止氧气继续外泄。

2）对氧气火灾导致的烧伤人员采取特殊的救护措施。

5. 信息发布

安全监管总局负责事故灾难和应急救援的信息发布工作。必要时，政策法规司参加事故现场应急救援指挥部工作，及时通报事故救援情况，协助地方有关部门做好事故现场新闻发布，正确引导媒体和公众舆论。

6. 应急结束

事故现场得以控制，环境符合有关标准，导致次生、衍生事故隐患消除后，经事故现场应急救援指挥部确认和批准，现场应急处置工作结束，应急救援队伍撤离现场。事故现场应急救援指挥部完成事故应急救援总结报告，报送省（区、市）人民政府和安全监管总局，由省（区、市）人民政府宣布应急响应结束。

五、后期处置

1. 善后处置

省（区、市）人民政府负责组织善后处置工作，包括伤亡救援人员、遇难人员补偿及亲属的安置，征用物资补偿，救援费用的支付，灾后重建，污染物收集、清理与处理等事项；负责恢复正常工作秩序，消除事故后果和影响，安抚受害和受影响人员，保证社会稳定。

2. 保险

事故灾难发生后，保险机构及时派员开展相关的保险受理和赔付工作。

3. 工作总结与评估

应急响应和救援工作结束后，地方人民政府、有关企业应认真分析事故原因，制定防范措施，落实安全生产责任制，防止类似事故发生。

省级安全监督管理部门或应急救援指挥机构负责收集、整理应急救援工作记录、方案、文件等资料，组织专家对应急救援过程和应急救援保障等工作进行总结和评估，提出改进意见和建议，并将总结评估报告报安全监管总局。

六、保障措施

1. 通信与信息保障

有关单位的值班电话保证 24 小时有人值守，有关人员保证能够随时取得联系。通过有线电话、移动电话、卫星、微波等通信手段，保证各有关方面的通信联系畅通。

安全监管总局建立国家安全生产事故应急救援指挥通信信息系统以及运行维护机制，并保障信息安全、可靠、及时传输，保证应急响应期间通信联络和信息沟通的需要。组织制定有关安全生产应急救援机构事故灾难信息管理办法，统一信息的分析、处理和传输技术标准。

应急指挥中心负责建立、维护、参与冶金事故灾难应急救援各有关部门、专业应急救援指挥机构和省级应急救援指挥机构、各级化学品事故应急救援指挥机构以及专家组的通信联系数据库。

应急指挥中心开发和建立全国重大危险源和救援力量信息数据库，并负责管理和维护。省级应急救援指挥机构和各专业应急救援指挥机构负责本地区、本部门相关应急资源信息收集、分析、处理，并向应急指挥中心报送重要信息。

2. 应急支援与保障

（1）救援装备保障。冶金企业按照有关规定和专业应急救援队伍救援工作需要配备必要的应急救援装备，有关企业和地方各级人民政府根据本企业、本地区冶金事故救援需要和特点，配备有关特种装备，依托现有资源，合理布局并补充完善应急救援力量。

（2）应急救援队伍保障。冶金事故应急救援队伍以冶金企业的专职或兼职应急救援队伍为基础，按照有关规定配备应急救援人员、装备，开展培训、演练，做到反应快速，常备不懈。

公安、武警消防部队和危险化学品应急救援队伍是冶金事故应急救援重要的支援力量，其他兼职消防力量及社区群众性应急队伍是冶金事故应急救援的重要补充力量。

（3）交通运输保障。安全监管总局建立全国重点冶金企业交通地理信息系统。在应急响应时，利用现有的交通资源，协调交通、铁路、民航等部门提供交通支持，协调沿途有关地方人民政府提供交通便利，保证及时调运有关应急救援人员、装备和物资。地方人民政府组织和调集足够的交通运输工具，保证现场应急救援工作需要。

事故发生地省级人民政府组织对事故现场进行交通管制，开设应急救援快速通道，为应急救援工作提供保障。

（4）医疗卫生保障。事故发生地省级卫生行政部门负责应急处置工作中的医疗卫生保障，组织协调各级医疗救护队伍实施医疗救治，并根据冶金企业事故造成人员伤亡特点，组织落实专用药品和器材。医疗机构接到指令后要迅速进入事故现场实施医疗救治，各级医院负责后续治疗。

必要时，安全监管总局协调医疗卫生行政部门组织医疗救治力量支援。

（5）治安保障。事故发生地人民政府负责事故灾难现场治安警戒和治安管理，加强对重点地区、重点场所、重点人群、重要物资和设备的保护，维持现场秩序，及时疏散群众；动员和组织群众开展群防联防，协助做好治安工作。

（6）物资保障。冶金企业按照有关规定储备应急救援物资。地方各级人民政府根据本地区冶金企业实际情况储备一定数量的常备应急救援物资。

必要时，地方人民政府依据有关法律法规及时动员和征用社会物资。跨省（区、市）、跨部门的物资调用，由安全监管总局负责协调。

3. 技术储备与保障

安全监管总局和大型冶金企业充分利用现有的技术人才资源和技术设备设施资源，提供在应急状态下的技术支持。在应急响应状态时，当地气象部门要为冶金事故的应急救援决策和响应行动提供所需要的气象资料和气象技术支持。

4. 宣传、培训和演练

（1）公众信息交流。地方各级人民政府、冶金企业要按规定向公众和职工说明冶金企业发生事故可能造成的危害，广泛宣传应急救援有关法律法规和冶金企业事故预防、避险、避灾、自救、互救的常识。

（2）培训。冶金企业按照有关规定组织应急救援队员参加培训；冶金企业按照有关规定对员工进行应急培训教育。

各级应急救援管理机构负责对应急管理人员和相关救援人员进行培训，并将应急管理培训内容列入各级行政管理培训课程。

（3）演练。冶金企业按有关规定定期组织应急救援演练；地方人民政府及其安全监管部门和专业应急救援机构定期组织冶金企业进行事故应急救援演练，并于演练结束后向安全监管总局提交书面总结。应急指挥中心每年会同有关部门组织一次应急演练。

5. 监督检查

安全监管总局对冶金企业事故灾难应急预案的实施进行监督检查。

七、附则

1. 响应分级标准

按照事故灾难的可控性、严重程度和影响范围，将冶金企业事故应急响应级别分为Ⅰ级（特别重大事故）响应、Ⅱ级（重大事故）响应、Ⅲ级（较大事故）响应、Ⅳ级（一般事故）响应。

出现下列情况时为Ⅰ级响应：冶金生产过程中发生的高炉垮塌、煤粉爆炸、煤气火灾、爆炸或有毒气体中毒、氧气火灾事故，已经严重危及周边社区、居民的生命财产安全，造成30人以上死亡，或危及30人以上生命安全，或造成100人以上中毒，或疏散转移10万人以上，或造成1亿元以上（含1亿元）直接经济损失，或社会影响特别严重，或事故事态发展严重，亟待外部力量应急救援等。

出现下列情况时为Ⅱ级响应：冶金生产过程中发生的高炉垮塌、煤粉爆炸事故、煤气火灾、爆炸或有毒气体中毒、氧气火灾事故，已经危及周边社区、居民的生命财产安全，造成10～29人死亡，或危及10～29人生命安全，或造成50～100人中毒，或造成5 000万～1亿元直接经济损失，或重大社会影响等。

出现下列情况时为Ⅲ级响应：冶金生产过程中发生的高炉垮塌、煤粉爆炸事故、煤气火灾、爆炸或有毒气体中毒事故、氧气火灾事故，已经危及周边社区、居民的生命财产安全，造成3～9人死亡，或危及3～9人生命安全，或造成30～50人中毒，或直接经济损失较大，或较大社会影响等。

出现下列情况时为Ⅳ级响应：冶金生产过程中发生的高炉垮塌、煤粉爆炸、煤气火灾、爆炸或有毒气体中毒、氧气火灾事故，已经危及周边社区、居民的生命财产安全，造成3人以下死亡，或危及3人以下生命安全，或造成30人以下中毒，或具有一定社会影响等。

2. 预案管理与更新

本预案所依据的法律法规、所涉及的机构和人员发生重大改变，或在执行中发现存在重大缺陷时，由安全监管总局及时组织修订。安全监管总局定期组织对本预案进行评审，并及时根据评审结论组织修订，报安全监管总局审定。

3. 预案解释部门

本预案由安全监管总局负责解释。

4. 预案实施时间

本预案自发布之日起施行。

八、附件

（略）

第二章
应急管理与体系建立

第一节　应急管理概述

一、应急管理的基本内涵

应急管理是指为了有效应对可能出现的重大事故或紧急情况，降低其可能造成的后果和影响，而进行的一系列有计划、有组织的管理，涵盖在事故发生前、中、后的各个过程。应急管理与事故预防是相辅相成的，事故预防以“不发生事故”为目标，应急管理则是以“发生事故后，如何降低损失”为己任，两者共同构成了风险控制的完整过程。因而，应急管理与事故预防一样，是风险控制的一个必不可少的关键环节，它可以有效地降低事故灾难所造成的影响和后果。

应急管理是一个动态的过程，包括预防、准备、响应和恢复四个阶段。尽管在实际情况中，这些阶段往往是交叉的，但每一阶段都有自己明确的目标，而且每一阶段又构筑在前一阶段的基础之上。因而，预防、准备、响应和恢复的相互关联，构成了重大事故应急管理的循环过程。

1. 预防

在应急管理中，预防有两层含义：一是事故的预防工作，即通过安全管理和安全技术等手段，尽可能地防止事故的发生，实现本质安全；二是在假定事故必然发生的前提下，通过预先采取一定的预防措施，达到降低或减缓事故的影响或后果的严重程度，如加大建筑物的安全距离、工厂选址的安全规划、减少危险物品的存量、设置防护墙以及开展员工和公众应急自救知识教育等。从长远看，低成本、高效率的预防措施是减少事故损失的关键。由于应急管理的对象是重大事故或紧急情况，其前提是假定重大事故发生是不可避免的，因此，应急管理中的预防更侧重于第二层含义。

2. **准备**

应急准备是应急管理过程中一个极其关键的过程。它是针对可能发生的事故，为迅速有效地开展应急行动而预先所做的各种准备，包括应急体系的建立、有关部门和人员职责的落实、预案的编制、应急队伍的建设、应急设备（施）与物资的准备和维护、预案的演练、与外部应急力量的衔接等，其目标是保持重大事故应急救援所需的应急能力。

3. **响应**

应急响应是在事故发生后立即采取的应急与救援行动，包括事故的报警与通报、人员的紧急疏散、急救与医疗、消防和工程抢险措施、信息收集与应急决策和外部求援等。其目标是尽可能地抢救受害人员，保护可能受威胁的人群，尽可能控制并消除事故。

4. **恢复**

恢复工作应在事故发生后立即进行。它首先使事故影响区域恢复到相对安全的基本状态，然后逐步恢复到正常状态。要求立即进行的恢复工作包括事故损失评估、原因调查、清理废墟等。在短期恢复工作中，应注意避免出现新的紧急情况。长期恢复包括厂区重建和受影响区域的重新规划和发展。在长期恢复工作中，应汲取事故和应急救援的经验教训，开展进一步的预防工作和减灾行动。

二、应急管理的基本任务

1. 安全生产应急管理的主要任务

《关于加强安全生产应急管理工作的意见》（安监总应急［2006］196号）指出，事故灾难是突发公共事件的重要方面，安全生产应急管理是安全生产工作的重要组成部分。全面做好安全生产应急管理工作，提高事故防范和应急处置能力，尽可能避免和减少事故造成的伤亡和损失，是坚持“以人为本”、贯彻落实科学发展观的必然要求，也是维护广大人民群众的根本利益、构建社会主义和谐社会的具体体现。安全生产应急管理主要任务包括：

（1）完善安全生产应急预案体系。各级安全生产监督管理部门及其他负有安全监管职责的部门要在政府的统一领导下根据国家安全生产事故有关应急预案，分门别类制修订本地区、本部门、本行业和领域的各类安全生产应急预案。各生产经营单位要按照《生产经营单位安全生产事故应急预案编制导则》制定应急预案，建立健全包括集团公司（总公司）、子公司或分公司、基层单位以及关键工作岗位在内的应急预案体系，并与政府及有关部门的应急预案相互衔接。生产经营单位要积极组织应急预案的演练，高危企业每年至少要组织一次应急预案的演练。各级安全生产监督管理部门要协调有关部门，每年组织一次高危企业、部门、地方的联合演练。

（2）健全和完善安全生产应急管理体制和机制。落实《国民经济和社会发展第十一个五年计划纲要》确定的关于安全生产应急救援体系建设重点工程。各级安全生产监督管理部门都要明确应急管理机构，落实应急管理职责，做到安全生产应急管理指挥工作机构、职责、编制、人员、经费五落实。理顺各级安全生产应急管理机构与安全生产应急救援指挥机构、安全生产应急救援指挥机构与各专业应急救援指挥机构的工作关系。加强各地区、各有关部门安全生产应急救援管理机构间的协调联动，积极推进资源整合和信息共享，形成统一指挥、相互支持、密切配合、协同应对事故灾难的合力。

（3）加强安全生产应急队伍和能力建设。依据全国安全生产应急救援体系总体规划，依托大中型企业和社会救援力量，优化、整合各类应急救援资源，建设国家、区域、骨干专业应急救援队伍。加强生产经营单位的应急能力建设。尽快形成以企业应急救援力量为基础，以国家级区域专业应急救援基地和地方骨干专业队伍为中坚力量，以应急救援志愿者等社会救援力量为补充的安全生产应急救援队伍体系。各地区、各部门要编制本地区、本行业安全生产应急救援体系建设规划，并纳入本地区、本部门经济和社会发展“十一五”规划之中，确保顺利实施。各类生产经营单位要按照安全生产法律法规要求，建立安全生产应急救援组织。统筹规划，建设具备风险分析、监测监控、预测预警、信息报告、数据查询、辅助决策、应急指挥和总结评估等功能的国家、省（区、市）、市（地）安全生产应急信息系统，实现各级安全生产应急指挥机构与相关专业应急指挥机构、国家级区域应急救援（医疗救护）基地以及骨干应急救援（医疗救护）机构间的信息共享。高度重视应急管理和应急救援队伍的自身建设，建设一支政治坚定、作风过硬、业务精通、装备精良、纪律严明的安全生产应急管理和应急救援队伍。

（4）建立健全安全生产应急管理法律法规及标准体系。加强安全生产应急管理的法制建设，逐步形成规范的安全生产事故灾难预防和应急处置工作的法律法规和标准体系。认真贯彻《安全生产法》和《突发公共事件应对法》，认真执行国务院《关于全面加强应急管理工作的意见》和《国家突发公共事件总体应急预案》。要抓好研究制定安全生产应急预案管理、救援资源管理、信息管理、队伍建设、培训教育等配套规章规程和标准，尽快形成安全生产应急管理的法规标准体系。

（5）坚持预防为主、防救结合，做好事故防范工作。切实加强风险管理、重大危险源管理与监控，做好事故隐患的排查整改工作。

建立预警制度，加强事故灾难预测预警工作，要定期对重大危险源和重点部位进行分析和评估，对可能导致安全生产事故的信息要及时进行预警。充分发挥安全生产应急救援队伍的作用，坚持“险时搞救援，平时搞防范”的原则，建立应急救援队伍参与事故预防和隐患排查整改的工作机制。以生产经营单位、社区和乡镇为重点加强基层和现场的应急管理工作。从建立健全应急预案、建立救援队伍、加大应急投入、完善救援保障、普及应急知识等方面入手，将各项工作落实到各环节、各岗位，全面加强基层安全生产应急管理工作，提高第一时间的应急处置水平和能力。

（6）做好安全生产事故救援工作。按照国务院办公厅关于加强和改进突发公共事件信息报告工作的要求，做好信息报告等工作。发生事故的单位要立即启动应急预案，组织现场抢救，控制险情，减少损失。高度重视安全生产事故灾难的信息发布、舆论引导工作，为处置事故灾难营造良好的舆论环境。安全生产事故灾难善后处置工作结束后，现场应急救援指挥部要分析总结应急救援经验教训，提出改进建议。

（7）加强安全生产应急管理培训和宣传教育工作。将安全生产应急管理和应急救援培训纳入安全生产教育培训体系。分类组织开发应急管理和应急救援培训适用教材，加强培训管理，提高培训质量。充分发挥出版、广播、电视、报纸、网络等文化宣传力量的作用，通过各种有效方式，加大宣传力度。要使安全生产应急管理的法律法规、应急预案、救援知识进企业、进机关、进学校、进社区，普及安全生产事故预防、避险、自救、互救和应急处置知识，提高生产经营单位从业人员救援技能，增强社会公众的安全意识和应对事故灾难的能力。

（8）加强安全生产应急管理支撑保障体系建设。依靠科技进步，提高安全生产应急管理和应急救援水平。成立国家、专业、地方安全生产应急管理专家组，对应急管理、事故救援提供技术支持；依托大型企业、院校、科研院所，建立安全生产应急管理研究和工程中心，开展突发性事故灾难预防、处置的研究攻关；鼓励、支持救援技术和装备的自主创新，引进、消化吸收先进救援技术和装备，提高应急救援装备的科技含量。建立政府、企业、社会相结合的多方共同支持的安全生产应急保障投入体制。加强与有关国家、地区及国际组织在安全生产应急管理和应急救援领域的交流与合作。继续组织国际交流和学习培训，学习、借鉴国外事故灾难预防、处置和应急体系建设等方面的有益经验。

2. 事故应急救援管理的基本任务

对于企业来说，事故发生后的应急救援管理是最为主要的任务。事故应急救援管理的基本任务在以上八条主体思想的指导下，主要可以概括成以下几点：

（1）迅速控制造成事故的危险源是应急工作的首要任务。只有迅速控制住危险源和重点部位，防止事故继续扩展，才能及时、有效地进行救援，减少事故造成的损失。

（2）抢救受害人员是应急救援的重要任务。在应急救援行动中，及时、有序、有效地实施事故现场受害人员的急救和安全转送伤员是降低伤亡率的关键。

（3）指导人员防护，组织人员撤离。事故的特点往往是发生突然、危害性大、涉及面广，对于化学事故等应及时指导和组织受害区域内的人员采取各种有效措施进行个体防护，并迅速撤离可能受到危害的区域。在撤离过程中，应积极组织受害区域内的人员开展自救和互救工作。

（4）做好事故现场清除，消除危害后果。如事故可能会继续造成对人和环境构成危险、危害性的物质，应及时组织人员予以消除，消除危害后果，防止危害性物质对人的继续危害和对环境的污染。对于火灾事故，当灭火战斗结束后，对在毒物危害区域内活动的人员，应进行必要的健康检查，对灭火使用的装备器具，必须逐一进行清洗，彻底清除危害性物质。

三、应急管理的特点和意义

1. 安全生产应急管理的特点

(1) 复杂性。安全生产应急管理本身是一个复杂的系统工程。从时间序列来看，安全生产应急管理在事前、事发、事中及事后四个过程中都有明确的目标和内涵，贯穿于预防、准备、响应和恢复的各个过程；从涉及的部门来看，安全生产应急管理涉及安全生产监督管理、消防、卫生、交通、物资、市政、财政等政府的各个部门，以及诸多社会团体或机构，如新闻媒体、志愿者组织、生产经营单位等；从应急管理涉及的领域来看，则更为广泛，如工业、交通、通信、信息、管理、心理、行为、法律等；从应急对象来看，种类繁多，涉及各种类型的事故灾难；从管理体系构成来看，涉及应急法制、体制、机制到保障系统；从层次上来看，则可划分为国家、省、市、县及生产经营单位应急管理。由此可见，安全生产应急管理涉及的内容十分广泛，在时间、空间和领域等方面构成了一个复杂的系统工程。

(2) 长期性。由于重大安全生产事故发生所表现出的偶然性和不确定性，往往给安全生产应急管理工作带来消极的心态影响：侥幸心理和麻痹心理。这两种心理会使得企业对安全生产应急管理工作无法得到相应的重视。重大安全生产事故的偶然性和不确定性，要求安全生产应急管理常备不懈，一刻也不能放松，且任重道远。

2. 安全生产应急管理的意义

(1) 加强安全生产应急管理，是落实中央领导指示精神、落实安全生产法律法规的重要举措。我国最新修订的《安全生产法》与《职业病防治法》均明确规定，各级政府与部门、各类行业与生产经营单位要制定生产安全事故应急救援预案，建立应急救援体系。《安全生产“十二五”规划》（国办发〔2011〕47 号）中也再次明确要求：要“推进应急管理体制机制建设，健全省、市、重点县及中央企业安全生产应急管理体系，完善生产安全事故应急救援协调联动工作机制”。建立生产安全应急救援体系，提高应对重特大事故的能力，是加强安全生产工作、保障人民群众生命财产安全的现实需要。对于提高政府预防和处置突发事件的能力，全面履行政府职能，构建社会主义和谐社会具有十分重要的意义。

（2）工业化进程中存在的重大事故灾难风险迫切需要加强安全生产应急管理。目前我国正处在工业化加速发展阶段，是各类事故灾难的“易发期”。社会生产规模和经济总量的急剧扩大，增加了事故的发生概率；企业生产集中化程度的提高和城市化进程的加快，也加大了事故灾难的波及范围，加重了其危害程度。面对依然严峻的安全生产形势和重特大事故多发的现实，迫切需要加强安全生产应急管理工作，有效防范事故灾难，最大限度地减少事故给人民群众生命财产造成的损失。

（3）加强安全生产应急管理，提高防范、应对重特大事故的能力，是坚持以人为本、执政为民思想的重要体现，也是全面履行政府职能，进一步提高行政能力的重要方面。首先，安全需求是人的最基本的需求，安全权益是人民群众最重要的利益。从这个意义上说，“以人为本”首先要以人的生命为本，科学发展首先要安全发展，和谐社会首先要关爱生命。落实科学发展观，构建社会主义和谐社会，就要高度重视、切实抓好安全生产工作，强化安全生产应急管理，最大限度地减少安全生产事故及其造成的人员伤亡和经济损失。其次，在社会主义市场经济条件下，社会管理和公共服务是政府的重要职能。应急管理是社会管理和公共服务的重要内容。贯彻落实科学发展观和建设社会主义和谐社会，更需要把包括安全生产在内的应急管理作为政府十分重要的任务。

第二节　应急救援体系概述

一、应急救援体系的基本框架结构

应急救援体系总的目标是：控制事态发展，保障生命财产安全，恢复正常状况。这三个总体目标也可以用减灾、防灾、救灾和灾后恢复来表示。由于各种事故灾难种类繁多，情况复杂，突发性强，覆盖面大，应急救援活动又涉及从高层管理到基层人员各个层次，从公安、医疗到环保、交通等不同领域，这都给应急救援日常管理和应急救援指挥带来了许多困难。解决这些问题的唯一途径是建立科学、完善的应急救援体系和实施规范有序的标准化运作程序。

一个完整的应急救援体系应由组织体制、运行机制、法制基础和应急保障系统四部分构成，如图 2—1 所示。

组织体制中的管理机构是指维持应急日常管理的负责部门；功能部门包括与应急活动有关的各类组织机构，如公安、医疗等单位；应急指挥包括应急预案启动后，负责应急救援活动的场外与场内指挥系统；而救援队伍则由专业和志愿人员组成。

应急救援活动一般划分为应急准备、初级反应、扩大应急和应急恢复四个阶段，应急运行机制与这些应急活动都密切相关。应急运行机制主要由统一指挥、分级响应、属地为主和公众动员这四个基本机制组成。

法制建设是应急救援体系的基础和保障，也是开展各项应急救援活动的依据，与应急救援有关的法规可分为四个层次：一是由立法机关通过的法律，如紧急状态法、公民知情权法和紧急动员法等；二是由政府颁布的规章，如应急救援管理条例等；三是包括预案在

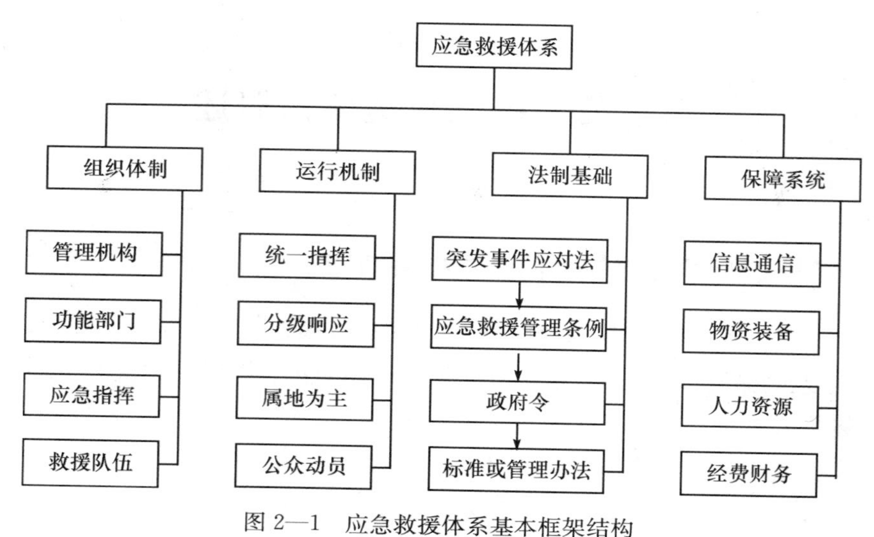

图 2—1　应急救援体系基本框架结构

内的以政府令形式颁布的政府法令、规定等；四是与应急救援活动直接有关的标准或管理办法。

列于应急保障系统第一位的是信息与通信系统，构筑集中管理的信息通信平台是应急救援体系最重要的基础建设，应急信息通信系统要保证预警、报警、警报、报告、指挥等所有活动的信息交流快速、顺畅、准确，以及信息资源共享；物资与装备不但要保证有足够的资源，而且还一定要实现快速、及时供应到位；人力资源保障包括专业队伍的加强和志愿人员以及其他有关人员的培训教育；应急财务保障应建立专项应急科目，如应急基金等，以保障应急管理运行和应急反应中各项活动的开支。

二、应急救援体系建设的指导思想和原则

1. 指导思想

根据《全国安全生产应急救援体系总体规划方案》，安全生产应急救援体系建设的指导思想是：树立全面、协调、可持续的科学发

展观，坚持“安全第一、预防为主、综合治理”的方针，从我国国情和安全生产的现实需要出发，统筹考虑我国中长期经济社会发展规划，充分吸收借鉴国内外成熟的经验，硬件与软件并重，根据轻重缓急，有计划、有重点地加强应急救援体制、机制、法制、队伍和装备建设，按照《国务院关于进一步加强安全生产工作的决定》的要求，逐步建立健全全国安全生产应急救援体系，增强安全生产事故灾难应急救援能力，最大限度地减少国家和人民生命财产的损失。

2. 原则

（1）统一领导，分级管理。国务院安委会统一领导全国安全生产应急管理和事故灾难应急救援协调指挥工作，地方各级人民政府统一领导本行政区域内的安全生产应急管理和事故灾难应急救援协调指挥。国务院安委会办公室领导、国家安全监管总局管理的国家安全生产应急救援指挥中心负责全国安全生产应急管理工作和事故灾难应急救援协调指挥的具体工作，国务院有关部门所属各级应急救援指挥机构、地方各级安全生产应急救援指挥机构分别负责职责范围内的安全生产应急管理工作和事故灾难应急救援协调指挥的具体工作。

（2）条块结合，属地为主。有关行业和部门应当与地方政府密切配合，按照属地为主的原则，进行应急救援体系建设。各级地方人民政府对本地安全生产事故灾难的应急救援负责，要结合实际情况建立完善安全生产事故灾难应急救援体系，满足应急救援工作需要。国家依托行业、地方和企业骨干救援力量在一些危险性大的特殊行业、领域建立专业应急救援体系，发挥专业优势，有效应对特别重大事故的应急救援。

（3）统筹规划，合理布局。根据产业分布、危险源分布、事故灾难类型和有关交通地理条件，对应急指挥机构、救援队伍以及应急救援的培训演练、物资储备等保障系统的布局、规模和功能等进行统筹规划。有关企业按规定标准建立企业应急救援队伍，省（区、市）根据需要建立骨干专业救援队伍，国家在一些危险性大、事故发生频度高的地区或领域建立国家级区域救援基地，形成覆盖事故多发地区、事故多发领域分层次的安全生产应急救援队伍体系，适应经济社会发展对事故灾难应急救援的基本要求。

（4）依托现有，资源共享。以企业、社会和各级政府现有的应急资源为基础，对各专业应急救援队伍、培训演练、装备和物资储备等系统进行补充完善，建立有效机制实现资源共享，避免资源浪费和重复建设。国家级区域救援基地、骨干专业救援队伍原则上依托大中型企业的救援队伍建立，根据所承担的职责分别由国家和地方政府加以补充和完善。

（5）一专多能，平战结合。尽可能在现有专业救援队伍的基础上加强装备和多种训练，各种应急救援队伍的建设要实现一专多能；发挥经过专门培训的兼职应急救援队伍的作用，鼓励各种社会力量参与到应急救援活动中来。各种应急救援队伍平时要做好应对事故灾难的思想准备、物资准备、经费准备和工作准备，不断加强培训演练，紧急情况下能够及时有效地施救，真正做到平战结合。

（6）功能实用，技术先进。应急救援体系建设以能够实现及时、快速、高效地开展应急救援为出发点和落脚点，根据应急救援工作的现实和发展的需要设定应急救援信息网络系统的功能，采用国内外成熟的、先进的应急救援技术和特种装备，保证安全生产应急救援体系的先进性和适用性。

（7）整体设计，分步实施。根据规划和布局对各地、各部门应急救援体系的应急机构、区域应急救援基地和骨干专业救援队伍、主要保障系统进行总体设计，并根据轻重缓急分期建设。具体建设项目要严格按照国家有关要求进行，注重实效。

通过各级政府、企业和全社会的共同努力，建设一个统一协调指挥、结构完整、功能齐全、反应灵敏、运转高效、资源共享、保障有力、符合国情的安全生产应急救援体系，有效应对各类安全生产事故灾难，并为应对其他灾害提供有力的支持。

三、全国安全生产应急救援体系结构

按照《全国安全生产应急救援体系总体规划方案》的要求，全国安全生产应急救援体系的结构如图 2—2 所示。全国安全生产应急救援体系主要由组织体系、运行机制、支持保障系统以及法律法规体系等部分构成。

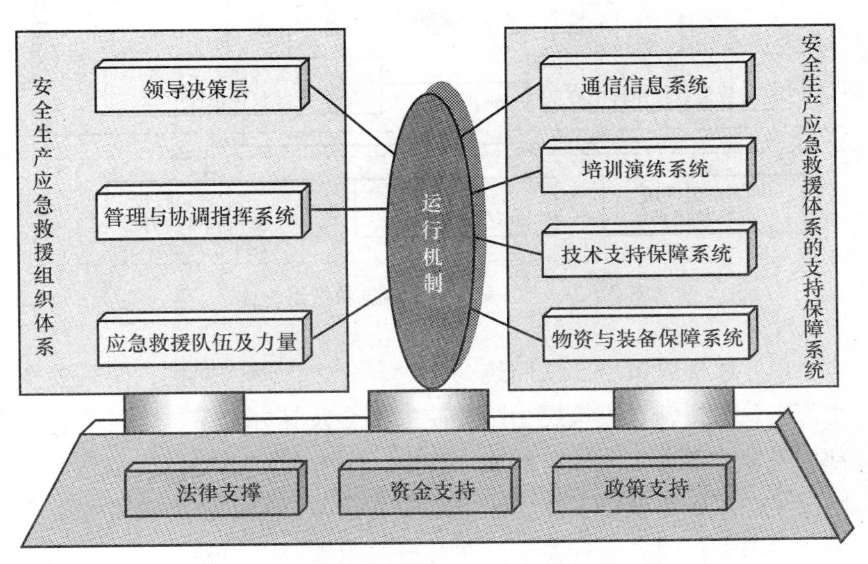

图 2—2　全国安全生产应急救援体系总体结构

1. 应急救援组织体系

根据《全国安全生产应急救援体系总体规划方案》（安监管办字［2004］163 号），通过建立和完善应急救援的领导决策层、管理与协调指挥系统以及应急救援队伍，形成完整的全国安全生产应急救援组织体系，如图 2—3 所示。

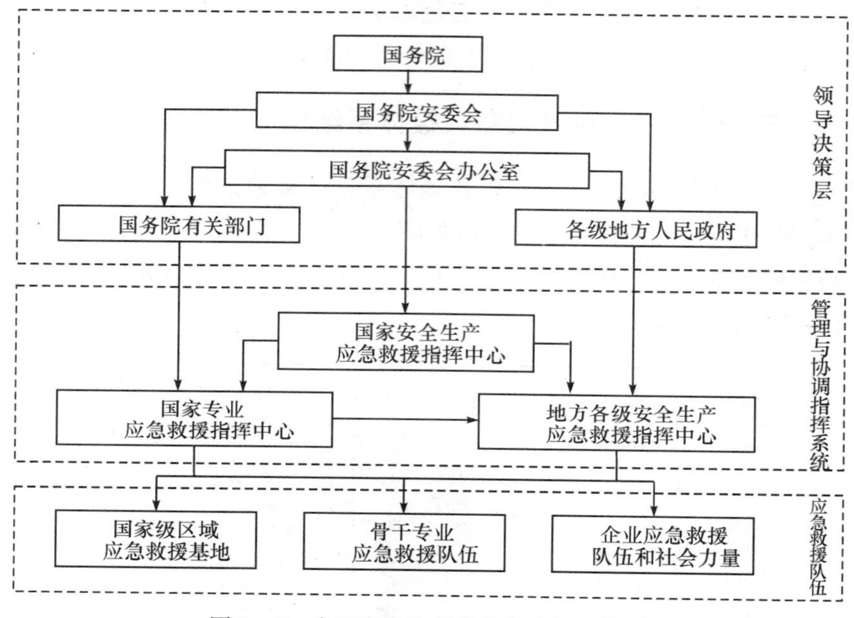

图 2—3　全国安全生产应急救援组织体系

（1）领导决策层。按照统一领导、分级管理的原则，全国安全生产应急救援领导决策层由国务院安委会及其办公室、国务院有关部门、地方各级人民政府组成。其中，由国务院安委会统一领导全国安全生产应急救援工作，国务院安委会办公室承办国务院安委会的具体事务；国务院有关部门在各自的职责范围内领导有关行业或领域的安全生产应急管理和应急救援工作，监督检查、指导协调有关行业或领域的安全生产应急救援工作，负责本部门所属的安全生产应急救援协调指挥机构、队伍的行政和业务管理，协调指挥本行业或领域应急救援队伍和资源参加重特大安全生产事故应急救援；地方各级人民政府统一领导本地安全生产应急救援工作，按照分级管理的原则统一指挥本地安全生产事故应急救援。

（2）管理与协调指挥系统。全国安全生产应急管理与协调指挥系统拟由国家安全生产应急救援指挥中心、有关专业安全生产应急管理与协调指挥机构以及地方各级安全生产应急管理与协调指挥机构组成，如图 2—4 所示。

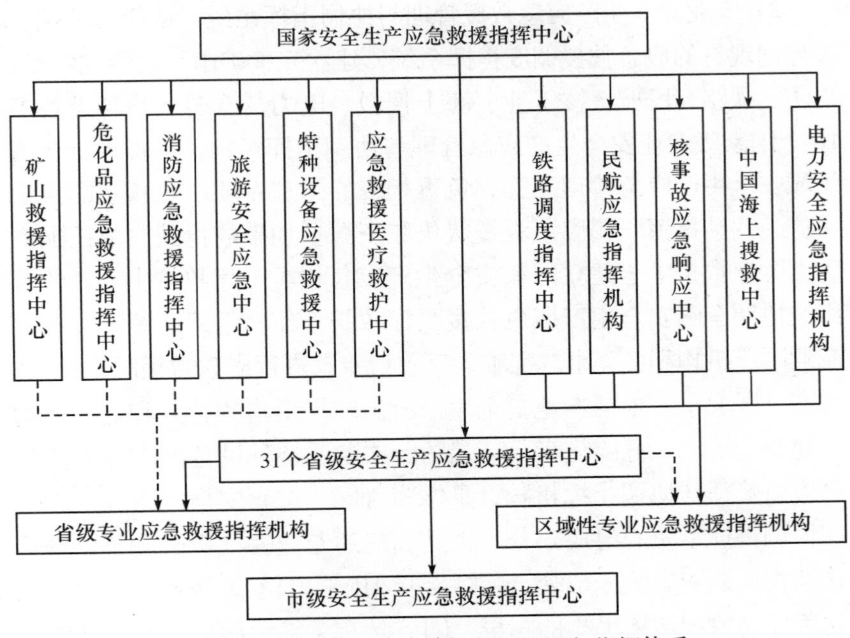

图 2—4　全国安全生产应急救援协调与指挥体系

1）国家安全生产应急救援指挥中心。为国务院安委会办公室领导、国家安全监管总局管理，负责全国安全生产应急管理和事故灾难应急救援协调指挥，参与制定并组织实施安全生产应急救援管理制度和有关规定；负责安全生产应急救援体系建设，指导和协调有关部门及地方安全生产应急救援工作；组织编制、管理和实施国家安全生产应急预案；负责全国安全生产应急救援资源综合监督管理和信息统计工作，掌握各类应急资源的状况，负责全国安全生产应急救援重大信息的接收、处理和上报工作；组织指导培训和联合演练，保证安全生产应急救援体系的整体战斗力；指导、协调特大安全生产事故的应急救援工作，根据需求，及时协调调度相关的应急救援队伍和资源，实施增援和支持；负责国家投资形成的安全生产应急救援资产的监督管理。

2）专业安全生产应急救援管理与协调指挥系统。依托国务院有关部门现有的应急救援调度指挥系统，建立完善矿山、危险化学品、消防、铁路、民航、核工业、海上搜救、电力、旅游、特种设备等10个国家级专业安全生产应急管理与协调指挥机构，负责本行业或领域安全生产应急管理工作，负责相应的国家专项应急预案的组织实施，调动指挥所属应急救援队伍和资源参加事故抢救。依托国家矿山医疗救护中心建立国家安全生产应急救援医疗救护中心，负责组织协调全国安全生产应急救援医疗救护工作，组织协调全国有关专业医疗机构和各类事故灾难医疗救治专家进行应急救援医疗抢救。各省（区、市）根据本地安全生产应急救援工作的特点和需要，相应建立的矿山、危险化学品、消防、旅游、特种设备等专业安全生产应急管理与协调指挥机构，是本省（区、市）安全生产应急管理与协调指挥系统的组成部分，也是相应的专业安全生产应急管理与协调指挥系统的组成部分，同时接受相应的国家级专业安全生产应急管理与协调指挥机构的指导。国务院有关部门根据本行业或领域安全生产应急救援工作的特点和需要建立的海上搜救、铁路、民航、核工业、电力等区域性专业应急管理与协调指挥机构，是本行业或领域专业安全生产应急救援管理与协调指挥系统的组成部分，同时接受所在省（区、市）安全生产应急管理与协调指挥机构的指导，也是所在省（区、市）安全生产应急救援管理与协调指挥系统的组成部分。

3）地方安全生产应急管理与协调指挥系统。全国31个省（区、市）建立安全生产应急救援指挥中心，在本省（区、市）人民政府及其安全生产委员会的领导下负责本地安全生产应急管理和事故灾难应急救援协调指挥工作。各省（区、市）根据本地实际情况和安全生产应急救援工作的需要，建立有关专业安全生产应急管理与协调指挥机构，或依托国务院有关部门设立在本地的区域性专业应急管理与协调指挥机构，负责本地相关行业或领域的安全生产应急管理与协调指挥工作。在全国各市（地）规划建立市（地）级安全生产应急管理与协调指挥机构，在当地政府的领导下负责本地安全生产应急救援工作，组织协调指挥本地安全生产事故的应急救援。市（地）级专业安全生产应急管理与协调指挥机构的设立，以及县级地方政府安全生产应急管理与协调指挥机构的设立，由各地根据实际情况确定。

4）指挥决策专家支持系统。各级安全生产监督管理部门、各级（各专业）安全生产应急管理与协调指挥机构设立事故灾难应急救援专家委员会（组），建立应急救援辅助决策平台，为应急管理和事故抢救指挥决策提供技术咨询和支持，形成安全生产应急救援指挥决策支持系统。

（3）应急救援队伍及力量。全国安全生产应急救援队伍体系主要包括四个方面：

1）国家级应急救援队伍。依托国务院有关部门和有关大中型企业现有的专业应急救援队伍进行重点加强和完善，建立国家安全生产应急救援指挥中心管理指挥的国家级综合性区域应急救援基地、国家级专业应急救援指挥中心管理指挥的专业区域应急救援基地，保证特别重大安全生产事故灾难应急救援和实施跨省（区、市）应急救援的需要。

2）专业骨干应急救援队伍。根据有关行业或领域安全生产应急救援工作的需要，依托有关企业现有的专业应急救援队伍进行加强、补充、提高，形成骨干救援队伍，保证本行业或领域重特大事故应急救援和跨地区实施救援的需要。

3）企业级应急救援队伍。各类企业严格按照有关法律、法规的规定和标准建立专业应急救援队伍，或按规定与有关专业救援队伍签订救援服务协议，保证企业自救能力。鼓励企业应急救援队伍扩展专业领域，向周边企业和社会提供救援服务。企业级应急救援队伍是安全生产应急救援队伍体系的基础。

4）社会其他应急救援力量。引导、鼓励、扶持社区建立由居民组成的应急救援组织和志愿者队伍，事故发生后能够立即开展自救、互救，协助专业救援队伍开展救援；鼓励各种社会组织建立应急救援队伍，按市场运作的方式参加安全生产应急救援，作为安全生产应急救援队伍的补充。

2. 安全生产应急救援体系运行机制

应急救援活动一般划分为应急准备、初级反应、扩大应急和应急恢复四个阶段，应急机制始终贯穿于这些应急活动中。涉及应急救援的运行机制众多，但关键的、最主要的是统一指挥、分级响应、属地为主和公众动员四个基本运行机制。

统一指挥是应急活动的最基本原则。应急指挥一般可分为集中指挥与现场指挥，或场外指挥与场内指挥几种形式，但无论采用哪一种指挥系统都必须实行统一指挥的模式；尽管应急救援活动涉及单位的行政级别高低和隶属关系不同，但都必须在应急指挥部的统一组织协调下行动，有令则行，有禁则止，统一号令，步调一致。

分级响应是指在初级响应到扩大应急的过程中实行分级响应的机制。扩大或提高应急级别的主要依据是事故灾难的危害程度、影响范围和控制事态能力，而后者是“升级”的最基本条件。扩大应急救援主要是提高指挥级别、扩大应急范围等。

属地为主是强调“第一反应”的思想和以现场应急指挥为主的原则。在国家的整个应急救援体系中，地方政府和地方应急力量是开展事故应急救援工作的主力军，地方政府应充分调动地方的应急资源和力量开展应急救援工作。现场指挥以地方政府为主，部门和专家参与，充分发挥企业的自救作用。

公众动员机制是应急机制的基础，也是整个应急体系的基础。

指在应急体系的建立及应急救援过程中要充分考虑并依靠民间组织、社会团体以及个人的力量，营造良好的社会氛围，使公众都参与到救援过程中，人人都成为救援体系的一部分。当然，并不是要求公众去承担事故救援的任务，而是希望充分发挥社会力量的基础性作用，建立健全组织和动员人民群众参与应对事故灾难的有效机制，增强公众的防灾减灾意识，在条件允许的情况下发挥应有的作用。

按照统一领导、分级响应、属地为主、公众动员的原则，安全生产应急救援体系建立了应急管理、应急响应、经费保障和有关管理制度等关键性运行机制，以保证应急救援体系运转高效、应急反应灵敏、取得良好的抢救效果。

(1) 应急管理机制。包括行政管理、信息管理、预案管理、队伍管理和培训演练五个部分。

1）行政管理。国家安全生产应急救援指挥中心在国务院安委会及国务院安委会办公室的领导下，负责综合监督管理全国安全生产应急救援工作；各地安全生产应急管理与协调指挥机构在当地政府的领导下负责综合监督管理本地安全生产应急救援工作；各专业安全生产应急管理与协调指挥机构在所属部门领导下负责监督管理本行业或领域的安全生产应急救援工作。各级、各专业安全生产应急管理与协调指挥机构在应急准备、预案制定、培训和演练等救援业务上接受上级应急管理与协调指挥机构的监督检查和指导，应急救援时服从上级应急管理与协调指挥机构的协调指挥。

各地、各专业安全生产应急管理与协调指挥机构、队伍的行政隶属关系和资产关系不变，行政业务由其设立部门（单位）负责管理。

2）信息管理。为实现资源共享和及时有效的监督管理，国家安全生产应急救援指挥中心建立全国安全生产应急救援通信、信息网络，统一信息标准和数据平台，各级安全生产应急管理与协调指挥机构以及安全生产应急救援队伍以规范的信息格式、内容、时间、渠道进行信息传递。

3）预案管理。生产经营单位应当结合实际制定本单位的安全生产应急预案，各级人民政府及有关部门应针对本地、本部门的实际编制安全生产应急预案。生产经营单位的安全生产应急预案报当地的安全生产应急管理与协调指挥机构备案；各级政府所属部门制定的安全生产应急预案报同级政府安全生产应急管理与协调指挥机构，同时报上一级专业安全生产应急管理与协调指挥机构备案；各级地方政府的安全生产应急预案报上一级政府安全生产应急管理与协调指挥机构备案。各级、各专业安全生产应急管理与协调指挥机构对备案的安全生产应急预案进行审查，对预案的实施条件、可操作性、与相关预案的衔接、执行情况、维护和更新等情况进行监督检查。建立应急预案数据库，上级安全生产应急管理与协调指挥机构可以通过通信信息系统查阅。

各级安全生产应急管理与协调指挥机构负责按照有关应急预案组织实施应急救援。

4）队伍管理。国家安全生产应急救援指挥中心和国务院有关部门的专业安全生产应急救援指挥中心制定行业或领域各类企业安全生产应急救援队伍配备标准，对危险行业或领域的专业应急救援队伍实行资质管理，确保应急救援安全有效地进行。有关企业应当依法按照标准建立应急救援队伍，按标准配备装备，并负责所属应急队伍的行政、业务管理，接受当地政府安全生产应急管理与协调指挥机构的检查和指导。省级安全生产应急救援骨干队伍接受省级政府安全生产应急管理与协调指挥机构的检查和指导。国家级区域安全生产应急救援基地接受国家安全生产应急救援指挥中心和国务院有关部门的专业安全生产应急管理与协调指挥机构的检查和指导。

各级、各专业安全生产应急管理与协调指挥机构平时有计划地组织所属应急救援队伍在所负责的区域进行预防性检查和针对性的训练，保证应急救援队伍熟悉所负责的区域的安全生产环境和条件，既体现预防为主又为事故发生时开展救援做好准备，提高应急救援队伍的战斗力，保证应急救援顺利有效进行。加强对企业的兼职救援队伍的培训，平时从事生产活动，在紧急状态下能够及时有效地施救，做到平战结合。

国家安全生产应急救援指挥中心、国家级专业安全生产应急救援指挥中心和省级安全生产应急救援指挥中心根据应急准备检查和应急救援演练的情况对各级、各类应急救援队伍的能力评估。

5）培训演练。国务院安委会办公室负责指导全国安全生产应急救援培训演练工作，有关部门负责组织，保证各级、各类应急救援队伍和人员及时更新知识、掌握实战技能，不断提高独立作战和协调配合能力。国家安全生产应急救援指挥中心和省级安全生产应急救援指挥中心每年至少组织一次联合演练；各专业安全生产应急管理与协调指挥机构应根据实际情况定期组织安全生产事故灾难应急救援演练；有关生产经营单位应当根据自身特点，定期组织本单位的事故应急救援演练。演练结束后，演练组织单位要向上一级应急管理与协调指挥机构提交书面总结。

（2）应急响应机制。根据安全生产事故灾难的可控性、严重程度和影响范围，实行分级响应。国家级安全生产应急救援接警响应程序如图 2—5 所示。

1）报警与接警。事故发生后，企业和属地政府首先组织实施救援并按照分级响应的原则报上级安全生产应急管理与协调指挥机构。

重大以上安全生产事故发生后，当地（市、区、县）政府应急管理与协调指挥机构应立即组织应急救援队伍开展事故救援工作，并立即向省级安全生产应急救援指挥中心报告。

省级安全生产应急救援指挥中心接到特大安全生产事故的险情报告后，立即组织救援并上报国家安全生产应急救援指挥中心和有关国家级专业应急救援指挥中心。

国家安全生产应急救援指挥中心和国家级专业应急救援指挥中

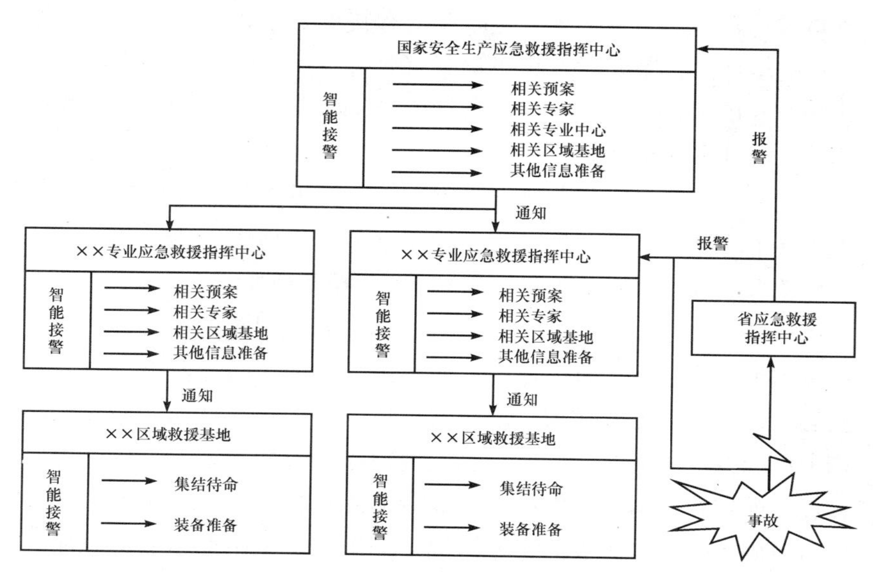

图 2—5　国家级安全生产应急救援接警响应程序

心接到事故险情报告后通过智能接警系统立即响应，根据事故的性质、地点和规模，按照相关预案，通知相关的国家级专业应急救援指挥中心、相关专家和区域救援基地进入应急待命状态，开通信息网络系统，随时响应省级应急中心发出的支援请求，建立并开通与事故现场的通信联络与图像实时传送。

事故险情和支援请求的报告原则上按照分级响应的原则逐级上报，必要时，在逐级上报的同时可以越级上报。

2）协调与指挥。应急救援指挥坚持条块结合、属地为主的原则，由地方政府负责，根据事故灾难的可控性、严重程度和影响范围按照预案由相应的地方政府组成现场应急救援指挥部，由地方政府负责人担任总指挥，统一指挥应急救援行动。

各级地方政府安全生产应急管理与协调指挥机构根据抢险救灾的需要有权调动辖区内的各类应急救援队伍实施救援，各类应急救援队伍必须服从指挥。需要调动辖区以外的应急救援队伍报请上级安全生产应急管理与协调指挥机构协调。

按照分级响应的原则，省级安全生产应急救援指挥中心响应后，调集、指挥辖区内各类相关应急救援队伍和资源开展救援工作，同时报告国家安全生产应急救援指挥中心并随时报告事态发展情况；专业安全生产应急救援指挥中心响应后，调集、指挥本专业安全生产应急救援队伍和资源开展救援工作，同时报告国家安全生产应急救援指挥中心并随时报告事态发展情况；国家安全生产应急救援指挥中心接到报告后进入戒备状态，跟踪事态发展，通知其他有关专业、地方安全生产应急救援指挥中心进入戒备状态，随时准备响应。根据应急救援的需要和请求，国家安全生产应急救援指挥中心协调指挥专业或地方安全生产应急救援指挥中心，调集、指挥有关专业和有关地方的安全生产应急救援队伍和资源进行增援。

涉及范围广、影响特别大的事故灾难的应急救援，经国务院授权由国家安全生产应急救援指挥中心协调指挥，必要时，由国务院安委会领导组织协调指挥。需要部队支援时，通过国务院安委会协调解放军总参作战部和武警总部调集部队参与应急救援。

（3）经费保障机制。安全生产应急救援工作是重要的社会管理职能，属于公益性事业，关系到国家财产和人民生命安全，有关应急救援的经费按事权划分应由中央政府、地方政府、企业和社会保险共同承担。

各级财政部门要分级负担预防与处置突发安全生产事件中需由政府负担的经费，并纳入本级财政年度预算，健全应急资金拨付制度，建立健全国家、地方、企业、社会相结合的应急保障资金投入机制。对于地方各级应急单位的建设投资按照地方为主国家适当补助的原则解决，列入地方财政预算。

企业依法设立的应急救援机构和队伍，其建设投资和运行维护经费原则上由企业自行解决；同时承担省内应急救援任务的队伍的建设投资和运行经费由省政府给予补助；同时承担跨省任务的区域应急救援队伍的建设投资和运行经费由中央财政给予补助。

在应急救援过程中，各级应急管理与协调指挥机构调动应急救援队伍和物资必须依法给予补偿，资金来源首先由事故责任单位承担，参加保险的由保险机构依照有关规定承担。按照以上方法无法解决的，由当地政府财政部门视具体情况给予一定的补助。

政府采取强制性行为（如强制搬迁等）造成的损害，政府应给予补偿。政府征用个人或集体财物（如交通工具、救援装备等），政府应给予补偿。无过错的危险事故造成的损害，按照国家有关规定予以适当补偿。

积极探索应急救援社会化、市场化的途径，逐步建立和完善相关法律法规、制定相关政策，鼓励企业应急救援队伍向社会提供有偿服务，鼓励社会力量通过市场化运作建立应急救援队伍，为应急救援服务，逐步探索和建立安全生产应急救援体系建设与运行的长效机制。

（4）建立完善的管理制度。在安委会联络员会议制度的基础上，建立国家安全生产应急救援联席会议制度，加强国务院各有关部门应急管理与协调指挥机构之间的沟通、协调与合作，提高应急管理和救援工作的水平和能力。

逐步建立和完善信息报告制度，应急准备检查制度，应急预案编制、审核和备案制度，应急救援演练制度，应急救援的分级响应制度，监督、检查和考核工作制度，应急救援队伍管理制度，应急救援培训制度，以及应急救援补偿制度等，明确有关部门、单位的职责，规范工作内容和程序，依法确立安全生产应急救援体系的运行机制，保障安全生产应急救援工作反应灵敏、运转高效。

3. 安全生产应急救援体系的支持保障系统

安全生产应急救援体系的支持保障系统主要包括通信信息系统、培训演练系统、技术支持保障系统、物资与装备保障系统等。

（1）通信信息系统。国家安全生产应急救援通信信息系统主要包括国家安全生产应急救援通信系统、国家安全生产应急救援信息系统等。

1）国家安全生产应急救援通信系统。通信系统将国务院、国务院安委会各成员单位、国家安全生产应急救援指挥中心、专业安全生产应急管理与协调指挥机构、省级安全生产应急管理与协调指挥机构和救援指挥现场的移动终端有机地连接起来，实现信息传输和信息共享，并能为各有关部门、企业及公众提供多种联网方式和服务。

2）国家安全生产应急救援信息系统。国家安全生产应急救援信息系统是与国家安全生产信息系统资源共享的专业信息系统。依托国家安全生产信息系统，架构安全生产应急救援信息系统，应具备的基本功能有：信息共享功能、资源信息管理功能、信息传输和处理功能、实时交流功能、决策支持功能、安全保密功能。

（2）培训演练系统。培训演练系统主要包括国家安全生产应急救援培训演练基地、有关专业安全生产应急救援培训演练机构、承担培训演练任务的国家级区域应急救援基地以及地方安全生产应急救援培训机构等。

（3）技术支持保障系统。国家安全生产应急救援指挥中心建立安全生产应急救援专家组，各级地方安全生产监督管理部门、煤矿安全监察机构及各级、各专业安全生产应急管理与协调指挥机构设立相应的安全生产应急救援专家组，为事故灾难应急救援提供技术咨询和决策支持。企业应根据自身应急救援工作需要建立应急救援专家组。

（4）物资与装备保障系统。各企业按照有关规定和标准针对本企业可能发生的事故特点在本企业内储存一定数量的应急物资。各级地方政府针对辖区内易发生的重特大事故的类型和分布，在指定的物资储备单位或物资生产、流通、使用企业和队伍储备相应的应急物资，形成分层次、覆盖本区域各领域各类事故的应急救援物资保障系统，保证应急救援需要。应急救援队伍根据专业和服务范围按照有关规定和标准配备装备、器材。各地在指定应急救援基地、队伍或培训演练基地内储备必要的特种装备，保证本地应急救援特殊需要。

第三节　冶金企业应急救援体系建立

根据《国家安全生产事故灾难应急预案》和《冶金事故灾难应急预案》，可以将冶金企业应急救援体系分为冶金企业应急救援组织体系、冶金企业应急救援运行机制、冶金企业应急救援保障系统、冶金企业应急救援法律法规体系。

一、冶金企业应急救援组织体系

冶金企业应急救援组织体系在领导决策层和应急救援队伍方面均和全国安全生产应急救援组织体系保持一致。在管理与协调指挥系统方面，具体组织工作如图 2—6 所示。

二、冶金企业应急救援运行的工作原则

冶金企业的应急救援行动要依据以下原则来进行：

1. 以人为本，安全第一。把保障人民群众的人身安全和身体健康放在首位，预防和减少冶金事故，切实加强企业员工的安全防护，充分发挥专业救援力量的骨干作用和职工群众的基础作用。

2. 统一领导，分级负责。在国务院及国务院安全生产委员会（以下简称国务院安委会）的统一领导下，安全监管总局负责指导、协调冶金事故灾难应急救援工作。地方各级人民政府、有关部门和

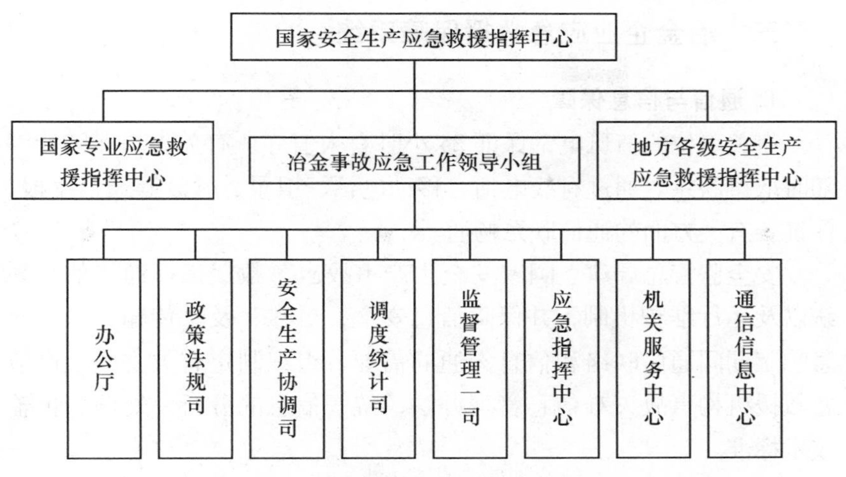

图 2—6　冶金企业应急救援组织体系

企业按照各自职责和权限，负责事故灾难的应急处置工作。

3. 条块结合，属地为主。冶金事故灾难现场应急处置的领导和指挥以地方人民政府为主，地方各级人民政府按照分级响应的原则及时启动相应的应急预案。国务院有关部门配合、指导、协助做好相关工作。发生事故的企业是事故应急救援的第一响应者。

4. 依靠科学，依法规范。采用先进的应急救援装备和技术，提高应急救援能力。充分发挥专家的作用，实现科学民主决策。确保预案的科学性、针对性和可操作性。依法规范应急救援工作。

5. 预防为主，平战结合。贯彻落实“安全第一、预防为主、综合治理”的方针，坚持事故应急与预防工作相结合。加强重大危险源管理，做好冶金事故预防、预测、预警和预报工作。开展培训教育，组织应急演练，做到常备不懈。进行社会宣传，提高从业人员和社会公众的安全意识，做好物资和技术储备工作。

三、冶金企业应急救援保障系统

1. 通信与信息保障

有关单位的值班电话保证24小时有人值守，有关人员保证能够随时取得联系。通过有线电话、移动电话、卫星、微波等通信手段，保证各有关方面的通信联系畅通。

安全监管总局建立国家安全生产事故应急救援指挥通信信息系统以及运行维护机制，并保障信息安全、可靠、及时传输，保证应急响应期间通信联络和信息沟通的需要。组织制定有关安全生产应急救援机构事故灾难信息管理办法，统一信息的分析、处理和传输技术标准。

应急指挥中心负责建立、维护、参与冶金事故灾难应急救援各有关部门、专业应急救援指挥机构和省级应急救援指挥机构、各级化学品事故应急救援指挥机构以及专家组的通信联系数据库。

应急指挥中心开发和建立全国重大危险源和救援力量信息数据库，并负责管理和维护。省级应急救援指挥机构和各专业应急救援指挥机构负责本地区、本部门相关应急资源信息收集、分析、处理，并向应急指挥中心报送重要信息。

2. 应急支援与保障

（1）救援装备保障。冶金企业按照有关规定和专业应急救援队伍救援工作需要配备必要的应急救援装备，有关企业和地方各级人民政府根据本企业、本地区冶金事故救援需要和特点，配备有关特种装备，依托现有资源，合理布局并补充完善应急救援力量。

（2）应急救援队伍保障。冶金事故应急救援队伍以冶金企业的专职或兼职应急救援队伍为基础，按照有关规定配备应急救援人员、装备，开展培训、演练，做到反应快速，常备不懈。公安、武警消防部队和危险化学品应急救援队伍是冶金事故应急救援重要的支援力量，其他兼职消防力量及社区群众性应急队伍是冶金事故应急救援的重要补充力量。

（3）交通运输保障。安全监管总局建立全国重点冶金企业交通地理信息系统。在应急响应时，利用现有的交通资源，协调交通、铁路、民航等部门提供交通支持，协调沿途有关地方人民政府提供交通便利，保证及时调运有关应急救援人员、装备和物资。地方人民政府组织和调集足够的交通运输工具，保证现场应急救援工作需要。事故发生地省级人民政府组织对事故现场进行交通管制，开设应急救援快速通道，为应急救援工作提供保障。

（4）医疗卫生保障。事故发生地省级卫生行政部门负责应急处置工作中的医疗卫生保障，组织协调各级医疗救护队伍实施医疗救治，并根据冶金企业事故造成人员伤亡特点，组织落实专用药品和器材。医疗机构接到指令后要迅速进入事故现场实施医疗救治，各级医院负责后续治疗。必要时，安全监管总局协调医疗卫生行政部门组织医疗救治力量支援。

（5）治安保障。事故发生地人民政府负责事故灾难现场治安警戒和治安管理，加强对重点地区、重点场所、重点人群、重要物资和设备的保护，维持现场秩序，及时疏散群众；动员和组织群众开展群防联防，协助做好治安工作。

（6）物资保障。冶金企业按照有关规定储备应急救援物资。地方各级人民政府根据本地区冶金企业实际情况储备一定数量的常备应急救援物资。必要时，地方人民政府依据有关法律法规及时动员和征用社会物资。跨省（区、市）、跨部门的物资调用，由安全监管总局负责协调。

3. 技术储备与保障

安全监管总局和大型冶金企业充分利用现有的技术人才资源和技术设备设施资源，提供在应急状态下的技术支持。在应急响应状态时，当地气象部门要为冶金事故的应急救援决策和响应行动提供所需要的气象资料和气象技术支持。

4. 宣传、培训和演练

（1）公众信息交流。地方各级人民政府、冶金企业要按规定向公众和职工说明冶金企业发生事故可能造成的危害，广泛宣传应急救援有关法律法规和冶金企业事故预防、避险、避灾、自救、互救的常识。

（2）培训。冶金企业按照有关规定组织应急救援队员参加培训；冶金企业按照有关规定对员工进行应急培训教育。

各级应急救援管理机构负责对应急管理人员和相关救援人员进行培训，并将应急管理培训内容列入各级行政管理培训课程。

（3）演练。冶金企业按有关规定定期组织应急救援演练；地方人民政府及其安全监管部门和专业应急救援机构定期组织冶金企业进行事故应急救援演练，并于演练结束后向安全监管总局提交书面总结。应急指挥中心每年会同有关部门组织一次应急演练。

四、冶金企业应急救援法律法规体系

关于冶金企业应急救援法律法规体系，大体可分为以下几个层次。

1. 法律层面

由我国人大常委会发布的与应急救援相关的法律有《宪法》《刑法》《劳动法》《安全生产法》《突发事件应对法》《消防法》等。

2. 行政法规层面

由国务院发布的有关部门安全的条例和规程主要有《生产安全事故报告和调查处理条例》《危险化学品安全管理条例》《建设工程安全生产管理条例》《国务院关于安全事故行政责任追究的规定》《尘肺病防治条例》等。

3. 地方性法规层面

如《浙江省特大（特别重大）事故应急救援预案》《哈尔滨燃气管道管理条例》《武汉市天然气高压管道设施办法》《河北省城市燃

气重大安全事故应急救援预案》等。

4. 行政规章层面

如《矿山救护队资质认定管理规定》《国家安全生产应急平台体系建设指导意见》《关于加强安全生产应急管理工作的意见》《矿山事故灾难应急预案》《冶金事故灾难应急预案》等。

5. 标准层面

与冶金企业应急救援有关的主要标准有《生产经营单位安全生产事故应急预案编制导则》《轧钢安全规程》《炼钢安全规程》《炼铁安全规程》等。

第四节　应急救援预案体系

一、我国突发公共事件应急预案体系

为了健全完善应急预案体系，形成“横向到边、纵向到底”的预案体系，按照“统一领导、分类管理、分级负责”的原则，根据不同的责任主体，我国突发公共事件应急预案体系划分为突发公共事件总体应急预案、突发公共事件专项应急预案、突发公共事件部门应急预案、突发公共事件地方应急预案、企事业单位应急预案、大型活动应急预案六个层次，如图 2—7 所示。

1. 突发公共事件总体应急预案

突发公共事件总体应急预案是全国应急预案体系的总纲，是国务院为应对特别重大突发公共事件而制定的综合性应急预案和指导性文件，是政府组织管理、指挥协调相关应急资源和应急行动的整体计划和程序规范，由国务院制定，国务院办公厅组织实施。

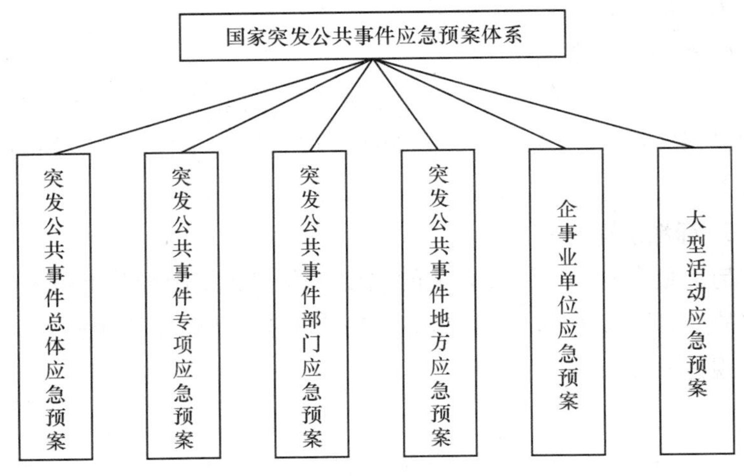

图 2—7　国家突发公共事件应急预案体系

2. 突发公共事件专项应急预案

突发公共事件专项应急预案，主要是国务院及其有关部门为应对某一类型或某几种类型的特别重大突发公共事件而制定的涉及多个部门（单位）的应急预案，是总体预案的组成部分，由国务院有关部门牵头制定，由国务院批准发布实施。

3. 突发公共事件部门应急预案

突发公共事件部门应急预案是国务院有关部门（单位）根据总体应急预案、专项应急预案和部门职责为应对某一类型的突发公共事件或履行其应急保障职责的工作方案，由部门（单位）制定，报国务院备案后颁布实施。

4. 突发公共事件地方应急预案

突发公共事件地方应急预案，主要指各省（区、市）人民政府及其有关部门（单位）的突发公共事件总体预案、专项应急预案和部门应急预案。此外，还包括各地（市）、县人民政府及其基层政权组织的突发公共事件应急预案等。预案确定了各地政府是处置发生在当地突发公共事件的责任主体，是各地按照分级管理原则，应对突发公共事件的依据。

5. 企事业单位应急预案

企事业单位应急预案，是各企事业单位根据有关法律、法规，结合各单位特点制定，主要是本单位应急救援的详细行动计划和技术方案。预案确立了企事业单位是其内部发生突发事件的责任主体，是各单位应对突发事件的操作指南，当事故发生时，事故单位立即按照预案开展应急救援。

6. 大型活动应急预案

大型活动应急预案，是指举办大型会展和文化体育等重大活动，由主办单位制定的应急预案。

二、应急救援预案体系

冶金企业应急救援预案从国家突发公共事件应急预案体系来看，属于第五个层次，即企事业单位应急预案。从横向来看，冶金企业应急救援预案在突发公共事件总体应急预案、突发公共事件专项应急预案、突发公共事件部门应急预案和突发公共事件地方应急预案中都有体现。

1. 在突发公共事件总体应急预案中的体现

该层次的预案分为自然灾害、事故灾难、公共卫生事件和社会事件四类，其中自然灾害和灾难事故方面就涉及冶金企业应急救援的内容。自然灾害主要包括水旱灾、气象灾害、地震灾害、地质灾害、海洋灾害、生物灾害和森林草原火灾等；灾难事故主要包括工矿商贸等企业的各类安全事故、交通运输事故、公共设施和设备事故、环境污染和生态破坏事件等。

2. 在突发公共事件专项应急预案中的体现

在自然灾害一类的专项应急预案中，包括国家自然灾害救助应急预案、国家防汛抗旱应急预案、国家地震应急预案、国家突发地质灾害应急预案、国家处置重特大森林火灾应急预案。灾难事故一类中包括国家安全生产事故灾难应急预案、国家处置铁路行车事故应急预案、国家处置民用航空器飞行事故应急预案、国家海上搜救应急预案、国家处置城市地铁事故灾难应急预案、国家处置电网大面积停电事件应急预案、国家核应急预案、国家突发环境事件应急预案、国家通信保障应急预案等。其中，在自然灾害一类应急预案里，冶金行业已于1997年发布了《冶金系统破坏性地震应急预案》。

3. 在突发公共事件部门应急预案中的体现

截至2007年，由我国各个部委和相关部门组织编写和发布的应急预案有83个，其中由国家安全生产监督管理总局于2006年10月发布的《冶金事故灾难应急预案》是对冶金行业应急救援工作的一项纲领性预案，对冶金企业编制自己的应急救援预案具有指导性意义。

4. 在突发公共事件地方应急预案中的体现

在有大型冶金企业的省市、地区，在其编制突发公共事件应急预案时，要将冶金企业的灾难性事故应急救援考虑到该预案中去。

根据《生产经营单位安全生产事故应急预案编制导则》（AQ/T 9002—2006），冶金企业的应急救援预案可以按照重特大事故类型分为各个专项应急预案，如：冶金企业火灾应急预案，冶金企业煤气泄漏、爆炸应急预案，冶金企业高炉垮塌应急预案，煤粉爆炸应急预案，钢水、铁水爆炸应急预案，有毒物质中毒应急预案等。

第三章 冶金企业应急预案编制

第一节　应急预案概述

一、应急预案的含义

应急预案，又名“预防和应急处理预案”“应急处理预案”“应急计划”或“应急救援预案”，是事先针对可能发生的事故（件）或灾害，为迅速、有序地开展应急行动、降低人员伤亡和经济损失而预先制定的有关救援措施、计划或方案。它是在辨识和评估潜在重大危险源、事故类型、发生的可能性及发生的过程、事故后果及影响严重程度的基础上，对应急机构职责、人员、技术、装备、设施、物资、救援行动及其指挥与协调方面预先做出的具体安排。应急预案明确了在事故发生前、事故过程中以及事故发生后，谁负责做什么、何时做、怎么做，以及相应的策略和资源准备等。它实际上是标准化的反应程序，以使应急救援活动能迅速、有序地按照计划和最有效的步骤来进行。由于生产经营单位事故发生的频率较高，事故应急救援预案的制定和管理就显得格外重要。

应急预案最早是化工生产企业为预防、预测和应急处理“关键生产装置事故”“重点生产部位事故”“化学泄漏事故”而预先制定的对策方案。应急预案有三个方面的含义：

1. 事故预防：通过危险辨识、事故后果分析，采用技术和管理手段降低事故发生的可能性且使可能发生的事故控制在局部，防止事故蔓延，并预防次生、衍生事故的发生；同时，通过编制应急预案并开展相应的培训，可以进一步提高各层次人员的安全意识，从而达到事故预防的目的。

2. 应急处理：万一发生事故（或故障）有应急处理程序和方法，能快速反应处理故障或将事故消除在萌芽状态。

3. 抢险救援：采用预定现场抢险和抢救的方式，控制或减少事故造成的损失。

二、应急预案的目的和作用

1. 应急预案的编制目的

为了在重大事故发生后能及时予以控制，防止重大事故的蔓延，有效地组织抢险和救助，政府和企业应对已初步认定的危险场所和部位进行重大危险源的评估。对所有被认定的重大危险源，应事先进行重大事故后果定量预测，估计在重大事故发生后的状态、人员伤亡情况及设备破坏和损失程度，以及由于物料的泄漏可能引起的爆炸、火灾、有毒有害物质扩散对单位及周边地区可能造成的危害程度。

依据预测，提前制定重大事故应急预案，组织、培训抢险队伍和配备救助器材，以便在重大事故发生后，能及时按照预定方案进行救援，在短时间内使事故得到有效控制。

综上所述，制定事故应急预案的目的主要有四个方面：

（1）采取预防措施使事故控制在局部，消除蔓延条件，防止突发性重大或连锁事故发生。

（2）能在事故发生后迅速有效控制和处理事故，尽量减轻事故对人和财产的影响。

（3）事故应急预案可以用来指导事故的预防工作。

（4）事故应急预案可以用来训练和提升企业和单位工作人员的安全素质。

其中，前两个目的是制定事故应急预案的直接目的，后两个目的是间接目的。

2. 应急预案的作用

编制重大事故应急预案是应急救援准备工作的核心内容，是及时、有序、有效地开展应急救援工作的重要保障。应急预案在应急救援中的重要作用和地位体现在以下几个方面：

（1）应急预案确定了应急救援的范围和体系，使应急准备和应急管理不再是无据可依、无章可循。尤其是培训和演练，它们依赖于应急预案：培训可以让应急响应人员熟悉自己的任务，具备完成指定任务所需的相应技能；演练可以检验预案和行动程序，并评估应急人员的技能和整体协调性。

（2）制定应急预案有利于做出及时的应急响应，降低事故后果。应急行动对时间要求十分敏感，不允许有任何拖延。应急预案预先明确了应急各方的职责和响应程序，在应急力量、应急资源等方面做了大量准备，可以指导应急救援迅速、高效、有序地开展，将事故的人员伤亡、财产损失和环境破坏降到最低限度。此外，如果预先制定了预案，对于重大事故发生后必须快速解决的一些应急恢复问题，也就很容易解决。

（3）成为各类突发重大事故的应急基础。通过编制基本应急预案，可以保证应急预案足够的灵活性，对那些事先无法预料到的突发事件或事故，也可以起到基本的应急指导作用，成为开展应急救援的“底线”。在此基础上，可以针对特定危害编制专项应急预案，有针对性地制定应急措施，进行专项应急准备和演练。

（4）当发生超过应急能力的重大事故时，便于与上级应急部门联系和协调。

（5）有利于提高风险防范意识。预案的编制、评审以及发布和宣传，有利于各方了解可能面临的重大风险及其相应的应急措施，有利于促进各方提高风险防范意识和能力。

三、应急预案的应用范围

1. 应急预案涵盖的范围

我国每年发生的各类重特大事故为我们敲响了警钟，采取相应的措施，预先做好应急预案，能够减少生命和财产的损失，并能提高抗灾能力，更快地恢复至正常状态。应该针对哪些紧急情况制定应急预案，这是必须确认的问题。制定事故应急预案时，除了针对重大危险源以外，对易燃、易爆、有毒的关键生产装置和重点生产部位都要制定应急预案。主要有以下几个方面需要制定应急预案。

（1）发生中毒事故的应急预案。

（2）生产装置区、原料及产品储存区发生毒物（包括中间物料）意外泄漏或事故性溢出时的应急预案。

（3）危险品运输事故的应急预案。

（4）发生全厂性和局部性停电时的应急预案。

（5）发生停水（包括冷却水、冷冻水、消防水以及其他生产用水）时的应急预案。

（6）发生停气（包括工厂空气、仪表空气、惰性气体、蒸汽等）时的应急预案。

（7）生产装置工艺条件失常（包括温度、压力、液位、流量、配比、副反应等）时的应急预案。

（8）易燃、易爆物料大量泄漏时的应急预案。

（9）发生自然灾害时的应急预案，主要有：

1）发生洪水时的应急预案。

2）遭受台风或局部龙卷风等强风暴袭击时的应急预案。

3）高温季节针对危险源的应急预案。

4）寒冷气候条件下（包括发生雪灾、冰冻等）针对危险源的应急预案。

5）发生地震、雷击等其他自然灾害时的应急预案。

(10) 发生火灾时的应急预案。

(11) 发生爆炸时的应急预案。

(12) 发生火灾、爆炸、中毒等综合性事故时的应急预案。

(13) 生产装置控制系统发生故障时的应急预案。

(14) 其他应急预案。

在具体制定应急预案之前，各个单位或组织要根据自己的风险特点，清楚要制定预案的对象及目标，进行相应的预案编制。

2. 冶金企业的应急预案

冶金企业的应急预案应从冶金企业的整体来考虑，预案应涵盖冶金企业的项目建设过程、生产过程、运输销售过程、环境污染、气象灾害、地质灾害等各个方面。对于冶金企业的生产过程，应急预案的制定应符合冶金企业的风险特点。因此，冶金企业应该着重制定以下几个方面的应急预案：

(1) 冶金生产过程中发生的高炉垮塌、爆炸事故应急预案。

(2) 在使用或存储时发生的煤粉爆炸事故应急预案。

(3) 煤气火灾事故应急预案。

(4) 煤气爆炸事故应急预案。

(5) 煤气、硫化氢等有毒气体中毒事故应急预案。

(6) 氧气火灾事故应急预案。

(7) 熔融金属爆炸事故应急预案。

四、应急预案的分级和类型

1. 应急预案的分级

根据可能的事故后果的影响范围、地点及应急方式，我国事故应急救援体系将事故应急救援预案分为五类，即五个级别：

(1) Ⅰ级（企业级）应急救援预案。这类事故的有害影响局限在一个组织（如某个工厂、火车站、仓库、农场、煤气或石油管道加压站/终端站等）的界区之内，并且可被现场的操作者抑制和控制在该区域内。这类事故可能需要投入整个组织的力量来控制，但其影响预期不会扩大到社区（公共区）。

（2）Ⅱ级（县、市/社区级）应急救援预案。这类事故所涉及的影响可扩大到公共区（社区），但可被该县（市、区）或社区的力量以及所涉及的工厂或工业部门的力量所控制。

（3）Ⅲ级（市/地区级）应急救援预案。这类事故影响范围大，后果严重，或是发生在两个县或县级市管辖区边界上的事故，应急救援需动用地区的力量。

（4）Ⅳ级（省级）应急救援预案。对可能发生的特大火灾、爆炸、毒物泄漏事故，特大危险品运输事故以及属省级特大事故隐患、省级重大危险源，应建立省级事故应急救援预案。它可能是一种规模极大的灾难事故，或可能是一种需要用事故发生的城市或地区所没有的特殊技术和设备进行处理的特殊事故。这类意外事故需用全省范围内的力量来控制。

（5）Ⅴ级（国家级）应急救援预案。对事故后果超过省、直辖市、自治区边界以及列为国家级事故隐患、重大危险源的设施或场所，应制定国家级应急救援预案。

2. 应急预案的类型

预案的分类有多种方法，如：按行政区域划分为国家级、省级、市级、区（县）级和企业预案；按时间特征可划分为常备预案和临时预案（如偶尔组织的大型集会等）；按事故灾害或紧急情况的类型可划分为自然灾害、事故灾难、突发公共卫生事件和突发社会安全事件等预案；按编制主体划分为外部预案与内部预案；按预案的适用对象范围划分为综合预案、专项预案和现场预案三个层次的预案以及单项预案。此分类方法预案文件体系层次清晰，所以本书主要按此种方法分类。

（1）综合预案。综合预案是整体预案，是从总体上阐述应急方针、政策、应急组织结构及相应的职责，应急行动的总体思路等。

通过综合预案可以很清晰地了解应急体系及预案的文件体系，即使对那些没有预料的紧急情况也能起到一般应急指导作用。

(2) 专项预案。专项预案是针对某种具体的、特定的紧急情况，例如危险物质泄漏、火灾、某一自然灾害等的应急而制定的。专项预案是在综合预案的基础上充分考虑了某种特定危险的特点，对应急的形势、组织机构、应急活动等进行更具体的阐述，具有较强的针对性。

(3) 现场预案。现场预案是在专项预案的基础上，根据具体情况需要而编制的。它是针对特定的具体场所（即以现场为目标），通常是该类型事故风险较大的场所或重要防护区域等所制定的预案。

(4) 单项预案。单项预案是针对大型公众聚集活动（如经济、文化、体育、民俗、娱乐、集会等活动）和高风险的建设施工活动（如人口高密度区建筑物的定向爆破、燃气线路的施工维护等活动）而制定的临时性应急行动方案。随着这些活动的结束，预案的有效性也随之终结。此类预案主要是针对活动中可能出现的紧急情况，预先对相关应急机构的职责、任务和预防性措施做出的安排。

第二节　应急预案基本结构与内容

一、应急预案的基本结构

尽管重大事故起因各异，但所带来的后果和影响却是大同小异。例如，地震、洪灾和飓风等都可能迫使人群离开家园，都需要实施“人群安置/救济”，而围绕这一任务或“功能”，可以基于地方政府共同的资源在综合预案中制定共性计划，而在专项预案中针对每种不同类型灾害，根据其爆发速度、持续时间、袭击范围和强度等特点，只需对该项计划作一些小的调整。因此，应急预案的编制可采用基于应急任务或功能的编制方法，关键是要找出和明确应急救援过程中所承担的应急任务。

不同的预案由于各自所处的层次和适用的范围不同，其内容在详略程度和侧重点上会有所不同，但都可以采用相似的基本结构，即基于应急任务或功能的“1 + 4”预案编制结构（见图 3—1），是由一个基本预案加上应急功能设置、特殊风险管理、标准操作程序和支持附件构成的。该预案基本结构不仅使预案本身结构清晰，而且保证了各种类型预案之间的协调性和一致性。

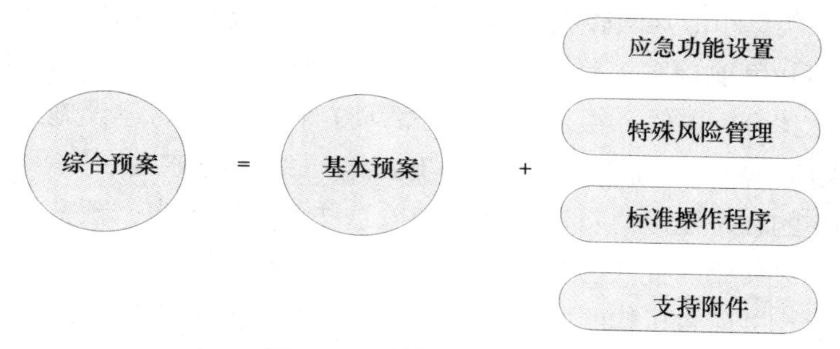

图 3—1　预案的基本结构

1. **基本预案**

基本预案是该应急预案的总体描述。主要阐述应急预案所要解决的紧急情况、应急的组织体系、方针、应急资源、应急的总体思路，并明确各应急组织在应急准备和应急行动中的职责以及应急预案的训练、演练和管理等规定。

基本预案主要包括预案发布令、应急机构署名页、术语与定义、相关法律法规、方针与原则、危险分析与环境综述、应急资源、机构与职责、教育、培训与演练、与其他应急预案的关系、互助协议、预案管理等。

2. 应急功能设置

应急功能是针对在各类重大事故应急救援中通常都要采取的一系列基本的应急行动和任务而编写的计划。它着眼于针对突发事故响应时所要实施的紧急任务。由于应急功能是围绕应急行动的，因此它们的主要对象是那些任务执行机构。针对每一应急功能应明确其针对的形势、目标、负责机构和支持机构、任务要求、应急准备和操作程序等。应急预案中包含的功能设置的数量和类型因地方差异会有所不同，主要取决于所针对潜在重大事故危险类型，以及应急的组织方式和运行机制等具体情况。

应急功能设置主要包括核心功能、接警与通知、指挥与控制、警报和紧急公告、通信、事态监测与评估、警戒与治安、人群疏散、人群安置、医疗与卫生、公共关系、应急人员安全、消防和抢险、泄漏物控制以及现场恢复等。

3. 特殊风险管理

特殊风险指根据各类事故灾难、灾害的特征，需要对其应急功能做出针对性安排的风险。应急管理部门应考虑当地地理、社会环境和经济发展等因素影响，根据其可能面临的潜在风险类型，说明处置此类风险应该设置的专有应急功能或有关应急功能所需的特殊要求，明确这些应急功能的责任部门、支持部门、有限介入部门以及它们的职责和任务，为该类风险的专项预案制定提出特殊要求和指导。

特殊风险管理中应列出各类潜在重大事故风险，说明各类重大事故风险应急管理所需的专有应急功能和对其他相关应急功能的特殊要求，明确各应急功能的主要负责部门、有关支持部门以及这些部门的职责和任务。特殊风险管理中可能列出的重大事故风险类型包括：危险化学品事故、矿山安全生产事故、重大建筑工程事故、核物质泄漏、大面积停电、海难、空难和铁路路内、路外事故以及火灾等。此外，城市自然灾害、公共安全和公共卫生事件（如地震、洪水、暴风雪、台风、极端高温或低温、恐怖事件、骚乱、中毒、瘟疫等）可能会导致次生重大事故灾难，必要时，特殊风险管理中应说明有关自然灾害、公共安全和公共卫生事件应急管理过程中次生重大事故灾害的应急处置原则、要求和指导。

4. 标准操作程序

由于基本预案、应急功能设置并不说明各项应急功能的实施细节，因此各应急功能的主要责任部门必须组织制定相应的标准操作程序，为应急组织或个人提供履行应急预案中规定职责和任务的详细指导。标准操作程序应保证与应急预案的协调性和一致性，其中重要的标准操作程序可作为应急预案附件或以适当方式引用。

标准操作程序的作用是为应急组织或个人履行应急功能设置中规定的职责和任务提供详细指导。应通过简洁的语言说明标准操作程序的目的、执行主体、时间、地点、任务、步骤和方式，并提供所需的检查表和附图表。检查表直观简洁地列出每一应急任务和步骤。实际上操作程序本身也应采取检查表的主体形式，以便快速行动或核对每一重要任务或步骤的执行情况。

5. 支持附件

是指对应急救援的有关支持保障系统的描述及有关的附图表。

支持附件主要包括危险分析附件，通信联络附件，法律法规附件，应急资源附件，教育、培训、训练和演练附件，技术支持附件，协议附件以及其他支持附件等。

二、应急预案的基本内容

一个完整的应急预案主要包括以下六个方面的内容（核心要素）。

1. 预案概况

主要描述生产经营单位概况以及危险特性状况等，同时对紧急情况下应急事件、使用范围提供简述并作必要说明。如冶金企业的应急预案的编制目的、编制依据、使用范围、工作原则、组织体系和部门职责等。

2. 预防程序

对潜在事故、次生事故及衍生事故进行分析并说明所采取的预防和控制事故的措施。

3. 准备程序

说明应急行动前所需采取的准备工作，包括应急组织及其职责权限、应急队伍建设和人员培训、应急物资的准备、预案的演练、公众的应急知识培训、签订互助协议等。

4. 应急程序

应急程序包括基本应急程序和专项应急程序。

（1）基本应急程序。在应急救援过程中，存在一些必需的核心功能和任务，如接警与通知、指挥与控制、警报和紧急公告、通信、事态监测与评估、警戒与治安、人群疏散与安置、医疗与卫生、公共关系、应急人员安全、抢险与救援、危险物质控制等，无论何种应急过程都必须围绕上述功能和任务展开。基本应急程序主要指实施上述核心功能和任务的程序和步骤。基本应急程序包括：

1）接警与通知。准确了解事故的性质和规模等初始信息是决定启动应急救援的关键。接警作为应急响应的第一步，必须对接警要求做出明确规定，保证迅速、准确地向报警人员询问事故现场的重要信息。接警人员接受报警后，应按预先确定的通报程序，迅速向有关应急机构、政府及上级部门发出事故通知，以采取相应的行动。

2）指挥与控制。重大安全生产事故应急救援往往需要多个救援机构共同处理，因此，对应急行动的统一指挥和协调是有效开展应急救援的关键。建立统一的应急指挥、协调和决策程序，便于对事故进行初始评估，确认紧急状态，从而迅速有效地进行应急响应决策，建立现场工作区域，确定重点保护区域和应急行动，合理高效地调配和使用应急资源等。

3）警报和紧急公告。当事故可能影响到周边地区，对周边地区的公众可能造成威胁时，应及时启动报警系统，向公众发出警报，同时通过各种途径向公众发出紧急公告，告知事故性质、对健康的影响、自我保护措施、注意事项等，以保证公众能够及时做出自我保护响应。决定实施疏散时，应通过紧急公告确保公众了解疏散的有关信息，如疏散时间、路线、随身携带物、交通工具及目的地等。

4）通信。通信是应急指挥、协调和与外界联系的重要保障，在现场指挥部、应急中心、各应急救援组织、新闻媒体、医院、上级政府和外部救援机构之间，必须建立完善的应急通信网络，在应急救援过程中应始终保持通信网络通畅，并设立备用通信系统。

5）事态监测与评估。在应急救援过程中，必须对事故的发展势态及影响及时进行动态的监测，建立对事故现场及场外的监测和评估程序。事态监测在应急救援中起着非常重要的决策支持作用，其结果不仅是控制事故现场，制定消防、抢险措施的重要决策依据，也是划分现场工作区域、保障现场应急人员安全、实施公众保护措施的重要依据。即使在现场恢复阶段，也应当对现场和环境进行监测。

6）警戒与治安。为保障现场应急救援工作的顺利展开，在事故现场周围建立警戒区域，实施交通管制。维护现场治安秩序是十分必要的，其目的是防止与救援无关人员进入事故现场，保障救援队伍、物资运输和人群疏散等的交通畅通，并避免发生不必要的伤亡。

7）人群疏散与安置。人群疏散是减少人员伤亡扩大的关键，也是最彻底的应急响应。应当对疏散的紧急情况和决策、预防性疏散准备、疏散区域、疏散距离、疏散路线、疏散运输工具、避难场所以及回迁等做出细致的规定和准备，应考虑疏散人群的数量、所需要的时间、风向等环境变化以及老弱病残等特殊人群的疏散等问题。对已实施临时疏散的人群，要做好临时生活安置，保障必要的水、电、卫生等基本条件。

8）医疗与卫生。对受伤人员采取及时、有效的现场急救，合理转送医院进行治疗，是减少事故现场人员伤亡的关键。医疗人员必须了解城市主要的危险，并经过培训，掌握对受伤人员进行正确消毒和治疗的方法。

9）公共关系。重大事故发生后，不可避免地会引起新闻媒体和公众的关注。因此，应将有关事故的信息、影响、救援工作的进展等情况及时向媒体和公众公布，以消除公众的恐慌心理，避免公众的猜疑和不满。应明确事故应急救援过程中面对媒体和公众的发言人和信息批准、发布的程序，保证事故和救援信息的统一发布，避免信息的不一致性。同时，还应处理好公众的有关咨询、接待和安抚受害者家属等工作。

10）应急人员安全。重大事故尤其是涉及危险物质的重大事故的应急救援工作危险性极大，必须对应急人员自身的安全问题进行周密的考虑，包括安全预防措施、个体防护设备、现场安全监测等，明确紧急撤离应急人员的条件和程序，保证应急人员免受事故的伤害。

11）抢险与救援。抢险与救援是应急救援工作的核心内容之一，其目的是为了尽快地控制事故的发展，防止事故的蔓延和进一步扩大，从而最终控制住事故，并积极营救事故现场的受害人员。尤其是涉及危险物质的泄漏、火灾事故，其消防和抢险工作的难度和危险性十分巨大。因此，应对消防和抢险的器材和物资、人员的培训、方法和策略以及现场指挥等做好周密的安排和准备。

12）危险物质控制。危险物质的泄漏或失控可能引发火灾、爆炸或中毒事故，对工人和设备等造成严重危险。而且，泄漏的危险物质以及夹带了有毒物质的灭火用水，都可能对环境造成重大影响，同时也会给现场救援工作带来更大的危险。因此，必须对危险物质进行及时有效的控制，如对泄漏物的围堵、收容和洗消，并进行妥善处置。

（2）专项应急程序。专项应急程序是指针对具体事故危险性的应急程序。在冶金生产事故中，要注意针对以下关键控制点编写专项应急程序：

1）高炉。高炉的钢水、铁水等熔融金属、炽热焦炭、高温炉渣可能导致爆炸和火灾；高炉喷吹的煤粉可能导致煤粉爆炸；高炉煤气可能导致火灾、爆炸；高炉煤气、硫化氢等有毒气体可能导致中毒等事故。

2）煤粉。在密闭生产设备中发生的煤粉爆炸事故可能发展成为系统爆炸，摧毁整个烟煤喷吹系统，甚至危及高炉；抛射到密闭生产设备以外的煤粉可能导致二次粉尘爆炸和次生火灾，扩大事故危害。

3）熔融金属。由于爆炸、泄漏、倾翻造成的熔融金属引燃可燃物质或遇水爆炸。

4）煤气。由于设备管路老化、缺乏维护、意外损坏或操作失误造成的煤气泄漏，遇火燃烧，当达到爆炸极限时发生爆炸。

5）煤气、硫化氢、氰化氢等有毒气体。由于通风设备故障、管路老化、误操作导致的有毒气体泄漏，造成工人的中毒事故。

6）氧气。由于安全装置有缺陷、操作失误，以及安全管理有缺陷等原因造成的氧气、液氧燃烧爆炸。

5. 恢复程序

说明事故现场应急行动结束后所需采取的清除和恢复行动。现场恢复是在事故被控制住后进行的短期恢复，从应急过程来说意味着应急救援工作的结束，并进入到另一个工作阶段，即将现场恢复到一个基本稳定的状态。经验教训表明，在现场恢复的过程中往往存在潜在的危险，如余烬复燃、受损建筑倒塌等，所以，制定恢复程序时，应充分考虑现场恢复过程中的危险，防止事故再次发生。

6. 预案管理与评审改进

应急预案是应急救援工作的指导文件。应当对预案的制定、修改、更新、批准和发布做出明确的管理规定，保证定期或在应急演练、应急救援后对应急预案进行评审，针对各种变化的情况以及预案中所暴露出的缺陷进行改进，以不断地完善应急预案体系。

三、外部预案与内部预案

1. 外部预案

外部预案由国家或地方政府制定，国家或地方政府所辖区域内危险点和危险性高的企业、公共场所、要害设施都应制定事故应急预案。外部预案与内部预案要相互补充，特别是中小型企业内部应急救援能力不足，更需要外部的应急救助。

外部预案的主要内容：

(1) 组织系统。指挥机构、应急协调人（姓名、电话）、应急控制中心、报警系统、应急救援程序等。

(2) 应急通信。通信中心、求救信号、电话或呼叫通信网、求救组织系统等。

(3) 专业救援设施。救火车、救护车、提升设备、推土机等。

(4) 专业和志愿救援组织。专业救援组织为消防队，志愿救援组织为义务消防员或相关经培训人员。

(5) 救援中心。提供事故救援、危险物质信息库、事故技术咨询等。

(6) 气象与地理信息。收集事故当日的气候条件、天气预报、水文和地理资料等。

(7) 预案评审。收集同类事故、救援训练和演练、检查和评价预案落实状况、检查本地区外部预案与内部预案的接口、调整外部预案等。

2. 内部预案

内部预案由相关企业或单位制定，内部预案包含总体预案和各危险单元预案。

内部预案的内容主要包括：组织落实、制定责任制、确定危险目标、警报及信号系统、预防事故的措施、紧急状态下抢险救援的实施办法、救援器材设备储备、人员疏散等。具体内容主要有：

(1) 单位的基本情况

1) 单位的地理位置及周边影响。

2) 单位的规模与现状。

3) 单位的道路及运输。

(2) 危险源的数量及分布图

1) 危险源的确定。根据危险物质的品种、数量、危险特性及可能引起事故的后果，确定应急救援的危险源，可按危险性的大小依次排序。

2) 画出分布图并标出数量。

3) 潜在危险性的评估。对每个已确定的危险源要做出潜在危险性的评估，即一旦发生事故可能造成的后果，可能对周围环境造成的危害及影响范围。预测可能导致事故发生的途径，如井喷、井涌、机械伤害、重物打击、高处坠落、触电伤害、腐蚀伤害、火灾爆炸、中毒危害、粉尘危害、噪声危害、振动危害、放射性危害等。

(3) 指挥机构的设置和职责

1) 指挥机构。成立事故应急救援“指挥领导小组”，由相关部门领导组成，下设应急救援办公室，日常工作可由安全管理部门兼管。发生重大事故时，指挥领导小组立即到位，负责本单位应急救援工作的组织和指挥。指挥部可设在生产调度室或其他安全地方。在编制“预案”时应明确总指挥、副总指挥，若事先明确的总指挥、副总指挥人员不在本单位时，可由安全部门或其他部门负责人担任临时总指挥，全权负责应急救援工作。

2) 指挥机构职责。

①指挥领导小组。负责本单位“预案”的制定、修订；组建应

急救援专业队伍，组织实施和演练；检查督促做好重大事故的预防措施和应急救援的各项准备工作。

②指挥部。发生重大事故时，由指挥部发布和解除应急救援命令、信号；组织救援队伍实施救援行动；向上级汇报和向友邻单位通报事故情况，必要时向有关单位发出救援请求；组织事故调查，总结应急救援经验教训。

3）指挥人员分工。

4）处理紧急事故的组织结构。

（4）装备及通信网络和联络方式

为保证应急救援工作及时有效，事先必须配备装备器材，并对信号做出规定。必须针对危险源，并根据需要将抢险抢修、个体防护、医疗救援、通信、联络等装备器材配备齐全。平时要专人维护、保管、检验，确保器材始终处于完好状态，保证能有效使用。

信号规定：对各种通信工具/警报及事故信号，平时必须做出明确规定，报警方法、联络号码和信号使用规定要置于明显位置，使每一位值班人员熟练掌握。

（5）应急救援专业队伍的任务和训练

1）救援队伍。生产经营单位应根据实际需要，建立各种不脱产的专业救援队伍，包括：抢险抢修队、医疗救护队、义务消防队、通信保障队、治安队等。救援队伍是应急救援的骨干力量，担负单位各类重大事故的处置任务。单位的职工医院应承担中毒伤员的现场和院内抢救治疗任务。

2）训练和演练。加强对各救援队伍的培训。指挥领导小组要从实际出发，针对危险源可能发生的事故，每年定期组织演练，把指挥机构和各救援队伍训练成一支思想好、技术精、作风硬的指挥班子和抢救队伍。一旦发生事故，指挥机构能正确指挥，各救援队伍能根据各自任务及时有效地排除险情、控制并消灭事故、抢救伤员，做好应急救援工作。

（6）预防事故的措施

对已确定的危险源，根据其可能导致事故的途径，采取有针对性的预防措施，避免事故发生。各种预防措施必须建立责任制，落实到部门（单位）和个人。针对发生大量有毒有害物料泄漏、着火等情况，还应制定降低危害程度的措施。

（7）事故的处置

制定重大事故的应急处置方案和处理程序。

1）处置方案。根据危险源模拟事故状态，制定出各种事故状态下（如井喷、井涌、大量毒气泄漏、多人中毒、火灾、爆炸、停水、停电等）的应急处置方案，主要包括通信、联络、抢险抢救、医疗救护、伤员转送、人员疏散、生产系统指挥、上报联系、求援行动方案等。

2）处理程序。指挥部应制定事故处理程序图，一旦发生重大事故时，第一步先做什么，第二步应做什么，第三步再做什么，都应有明确规定，以做到临危不乱，正确指挥。

（8）工程抢险抢修

有效的工程抢险抢修是控制事故、消灭事故的关键。抢险人员应根据事先拟订的方案在做好个体防护的基础上，以最快的速度及时堵漏排险、消灭事故。

（9）现场医疗救护

1）应建立抢救小组，每个职工都应学会心肺复苏术。一旦发生事故出现伤员，首先要做好自救、互救。

2）对发生中毒的病人，应在注射特效解毒剂或进行必要的医学处理后才能根据中毒和受伤程度转送各类医院。

3）在医院和单位卫生所抢救室应有抢救程序图，每一位医务人员都应熟练掌握每一步抢救措施的具体内容和要求。及时有效的现场医疗救护是减少伤亡的重要一环。

(10) 人员的疏散与安置

发生重大事故，可能对本单位内、外人群的安全构成威胁时，必须在指挥部统一指挥下，紧急疏散与事故应急救援无关的人员。疏散的方向、距离和集中地点，必须根据不同事故，做出具体规定。对可能威胁到单位外居民（包括相邻单位人员）安全时，指挥部应立即和当地有关部门联系，引导居民迅速撤离到安全地点，并妥善安置。

(11) 社会支援

《安全生产法》第八十二条规定：“任何单位和个人都应当支持、配合事故抢救，并提供一切便利条件。”

一旦发生重大事故，本单位抢险抢救力量不足或有可能危及社会安全时，指挥部必须立即向上级和相邻单位通报，必要时请求社会力量援助。社会救援队伍进入本单位时，指挥部应责成专人联络，引导并告之安全注意事项。

第三节　应急预案管理

一、应急预案的文件体系

1. 应急预案的文件体系构成

应急预案应形成完整的文件体系，以使其作用得到充分发挥，成为应急行动的有效工具。一个完整的应急预案是包括总预案、程序、说明书、记录的一个四级文件体系。

(1) 一级文件——总预案。它包含了对紧急情况的管理政策、预案的目标、应急组织和责任等内容。

(2) 二级文件——程序。它说明某个行动的目的和范围。程序内容十分具体，例如该做什么、由谁去做、什么时间和什么地点等。它的目的是为应急行动提供指南，但同时要求程序和格式简单明了，以确保应急队员在执行应急步骤时不会产生误解，格式可以是文字叙述、流程图表或是两者的组合等，应根据每个应急组织的具体情况选用最适合本组织的程序格式。

（3）三级文件——说明书。对程序中的特定任务及某些细节进行说明，供应急组织内部人员或其他个人使用，例如应急队员职责说明书、应急监测设备使用说明书等。

（4）四级文件——对应急行动的记录。包括在应急行动期间所做的通信记录、每一步应急行动记录等。

根据事故应急预案文件体系以及事故应急预案基本内容的特点，事故应急预案具体要求的程序文件如表 3—1 所列（表中标“√”项为该计划包含内容，标“○”项为可选内容）。

表 3—1　　事故应急预案文件体系

内容		行动指南	响应预案	互助预案	综合预案
预案概况	目录	○	○	√	√
	预案分配表	○	√	√	√
	变更记录	○	√	√	√
	实施令	○	○	○	√
	名词、定义	○	√	√	√
预案基本要素	简介	○	√	√	√
	目的	○	√	√	√
	政策、法律依据			√	√
	安全状况	○	○	√	√
	可能的事故情况	○	○	√	√
	应急计划指导思想		○	√	√
	应急组织与职责	√	√	√	√
	应急计划评估、检查与维护	○	√	√	√

续表

内　容		行动指南	响应预案	互助预案	综合预案
预防程序	消防措施				√
	关键设备、设施检测与检验				√
	安全评审				√
准备程序	人员培训			√	√
	演练			√	√
	物资供应与应急设备			√	√
	记录保存				√
	互助合作			√	√
	员工与社区居民安全意识			○	√
基本应急程序	监测与报警	√	√	√	√
	指挥与控制	√	√	√	√
	通信与联络	√	√	√	√
	应急关闭程序	√	√	√	√
	现场疏散	√	√	√	√
	医疗救助	√	√	√	√
	政府协调	√	√	√	√
专项应急程序	火灾与泄漏事故应急程序	√	√	√	√
	爆炸事故应急程序	√	√	√	√
	其他事故应急程序	√	√	√	√
恢复程序	起因调查	√			√
	损失评价	√			√
	事故现场净化与恢复	√			√
	生产恢复	√			√
	索赔程序	√			√

事故应急预案文件体系是一个庞大的文件系统，其内容多，范围广，全方位地规范了事故应急救援工作。按照上面的标准编制出来的事故应急预案文件体系几乎就是伤亡事故应急救援的百科全书，

一旦发生事故，能够有效指导救援人员根据事故不同阶段的特点开展相应的救援工作，达到最大程度降低事故损失的效果。

很显然，事故应急预案文件体系的编制需要大量的工作才能不断建立完善，而现阶段社会对事故应急预案文件的需要十分迫切，所以结合实际情况来看，编制总体的事故应急预案也能够满足事故应急救援的最低要求，至于文件体系中的其他内容可以逐渐补充完善。于是就造成了我国事故应急预案大都只有一个总体的预案而没有具体程序性文件和说明书的现状。这样的情况是不能令人满意的，不过事故应急预案文件体系为今后预案的编制工作提供了努力的方向。

2. 应急预案文件在编制过程中应注意的问题

（1）文件应具有系统性。应急预案文件应反映一个企业应急救援管理的系统特征是全面的，各种文件之间的关系是协调的，任何片面的、相互矛盾的规定都不应在文件体系中存在。

（2）文件应具有法规性。文件以最高管理者批准后，对企业的每个成员而言它是必须执行的法规文件。

（3）文件应具有增值效用。文件的建立应达到改善和促进企业应急管理的目的，它不应是夸夸其谈的装饰品。

（4）文件应具有见证性。编制好的应急预案文件应作为企业应急管理有效运行的客观证据，这也是文件的重要作用之一。

（5）文件应具有适应性。应急管理体系决定文件，而不是文件决定应急管理体系，应急管理体系发生变化，文件也应做相应变化。

3. 管理手册的结构与内容

在这里，我们再详细地介绍一下应急预案管理手册。应急预案管理手册是指按规定的方针和目标以及适用的标准描述应急管理体系。该手册通常以 ISO9001 - 2000 版标准（以下简称“标准”）为基本模式，按照 PDCA 循环理论的规律和标准中各个条款的功能，插入环境和职业健康安全管理体系标准的相应要求，组合成事故应急救援预案一体化管理手册。管理手册的具体内容依据生产经营企业事故应急救援预案来编写。

（1）应急预案管理手册的结构

应急预案管理手册的常见结构：a. 封面，b. 批准页，c. 手册说明（适用范围），d. 手册目录，e. 修订页，f. 发放控制页，g. 定义部分（如需要），h. 组织（即企业）概况（前言页），i. 组织（即企业）的应急预案管理方针和目标，j. 应急预案管理体系要素描述或引用的体系程序文件，k. 应急预案管理手册阅读指南（如需要），l. 支持性资料附录（如需要）。

（2）应急预案管理手册的内容

1）批准页：公司的名称；手册标题；手册发行版序；生效日期；批准人签名；文件编号；手册发放控制编号。

2）手册说明：适用的企业；生产企业的领域或区域；手册依据的标准；适用的体系要素（可用表格说明）。

3）手册目录：列出手册所含各章节与题目。

4）修订页：用修订记录表的形式说明手册中各部分的修改情况。

5）发放控制页：用发放记录表的形式说明应急预案管理手册的发放情况与分布情况。

6）定义（术语）：优先使用国家标准中的术语定义；对特有术语和概念进行定义。

7）组织（即企业）概况：公司名称，主要产品；业务情况、主要背景、历史和规模等；地点及通信方法。

8）应急预案管理方针目标：组织（即企业）的应急管理方针；组织（即企业）的应急管理目标；最高领导签名。

9）组织机构、责任和权限：描述组织的机构设置（可给出组织机构图）；影响应急预案管理的各管理、操作和验证等职能部门的责任、权限及隶属工作关系。

10）应急预案管理体系要素描述：应急预案管理体系要素描述的原则；符合所选定的标准的要求；符合实际运作的需要。

11）责任落实：全面考虑各要素的相关要求；相关标准；满足法律法规要求；应急预案管理体系要素描述各章的结构和内容目的；阐明实施要素要求的目的。

12）使用范围：阐明实施要素要求适用的活动。

13）责任：阐明实施要素要求过程中所涉及的部门或人员的责任。

14）程序概要：阐明实施要素要求的全部活动原则和要求。

15）相关文件：列出实施要素要求所需的各类文件。

16）术语：需要时才编入。

17）应急预案管理手册阅读指南：需要时设立本章。设立本章的目的是便于查阅质量手册。

18）支持性文件附录：需要时设立本章。附录可能列入的支持性文件资料有：程序文件、作业程序、技术标准及管理标准、其他。

应急预案管理手册的核心是应急预案管理方针目标、组织机构及应急预案管理体系要素描述。管理手册中的“应急预案管理方针目标”章节，应规定企业的应急预案方针，明确企业对应急工作的承诺和应急管理的目标，还应证明该应急救援方针为所有员工熟悉和理解，并加以贯彻和保持。“组织机构”章节应明确企业内部的机构设置，可详细阐明影响到应急工作的各管理、执行和验证职能部门的职责。“应急预案管理体系要素描述”章节应规定应急救援体系由哪些要素组成，并分别描述这些要素。

二、应急预案的备案与衔接

1. 应急预案的备案

应急预案的备案管理是提高应急预案编写质量，规范预案管理，解决预案相互衔接的重要措施之一。

（1）各级人民政府有关部门制定的生产安全事故应急预案应当上报同级人民政府备案。国务院有关部门制定的生产安全事故应急预案应当抄送国家安全监管总局；地方人民政府制定的生产安全事故专项应急预案应当抄送上级人民政府安全生产监督管理部门；地方人民政府安全生产监督管理部门制定的生产安全事故应急预案应当报送上一级人民政府安全生产监督管理部门；地方人民政府其他有关部门制定的生产安全事故应急预案应当抄送同级安全生产监督管理部门和相应的上级部门。

（2）生产经营单位所属各级单位都应当针对本单位可能发生的安全生产事故制定应急预案和有关作业岗位的应急措施。生产经营单位所属单位和部门制定的应急预案应当报经上一级管理单位审查。中央企业总部制定的应急预案应当报国资委和国家安全监管总局备案。

矿山、建筑施工单位及危险化学品、烟花爆竹和民用爆破器材生产、经营、储运单位的应急预案，以及生产经营单位涉及重大危险源的应急预案，应当按照分级管理的原则报安全生产监督管理部门和有关部门备案。

生产经营单位涉及核、城市公用事业、道路交通、火灾、铁路、民航、水上交通、渔业船舶水上安全以及特种设备、电网安全等事故的应急预案，依据有关规定报有关部门备案，并按照分级管理的原则抄报安全生产监督管理部门。

2. 应急预案的衔接

（1）衔接的必要性。尽管生产经营单位根据《生产经营单位安全生产事故应急预案编制导则》（AQ/T 9002－2006），并结合本单位的实际情况，从公司、生产经营单位到车间、岗位分别制定相应的应急预案，形成体系，互相衔接，但由于其发生的安全生产事故有时会超出企业自身的应急能力，企业自己无法独立处理事故，这时就需要社会及政府的应急援助。当其他企业、社会组织、政府部门参与该企业的生产事故应急救援时，就会出现一个企业自己的应急预案与外界应急预案的匹配问题。如果政府应急管理部门对企业的应急工作不了解，对企业的重大危险源信息不熟悉的话，就无法保证对企业顺利开展应急救援工作。因此，各冶金企业应按照统一领导、分级负责、条块结合、属地为主的原则，将本企业的安全生产事故应急预案与所在区域和当地政府的应急预案有效衔接，确保应急救援工作的成效。

（2）衔接要求。根据《国务院关于全面加强应急管理工作的意见》（国发［2006］24号）的要求，各地区各部门要根据《国家突发公共事件总体应急预案》编制修订本地区、本行业和领域的各类应急预案，并加强对应急预案编制工作的领导和督促检查。各基层单位应根据实际情况制定和完善本单位应急预案，明确各类突发公共事件的防范措施和处置程序，尽快构建覆盖各地区、各行业、各单位的应急预案体系，并做好各级、各类相关应急预案的衔接工作。同时要加强对应急预案的动态管理，不断加强应急预案的针对性和实效性。尤其是确保应急预案的落实工作，经常性地开展应急预案演练，特别是涉及多个地区和部门的应急预案，要通过开展联合演练等方式，促进各单位的协调配合和职责落实。

（3）衔接方式。根据有关文件精神及要求，解决政府与生产经营单位之间的应急预案衔接问题可以从四个方面进行：应急预案中建立的应急组织机构、职责及相互关系；应急预案相关的工作制度、运行方式和程序；规范生产经营单位和政府行为的法律、规章、条例；应急队伍和装备等。

政府与生产经营单位的预案衔接问题，可按照预防与应急并重、常态与非常态相结合的原则进行分解。一是在常态时（平时）应急预案之间的衔接，包括指挥机构、物资与装备、应急救援队伍、宣传、培训和演练等；二是在非常态时（战时）应急预案之间的衔接，包括信息报告、应急处理以及社会联动机制等。

三、应急预案的宣传教育、培训与演练

为全面提高应急能力，应对应急人员培训、公众教育、应急演练做出相应的规定，包括内容、计划、组织与准备、效果评估、要求等。

应急人员的培训内容包括如何识别危险，如何采取必要的应急措施，如何启动紧急警报系统，如何安全疏散人群等。

公众教育的基本内容包括潜在的重大危险源，事故的性质与应急特点，事故警报与通知的规定，基本防护知识，撤离的组织、方法和程序，在污染区行动时必须遵守的规则，自救与互救的基本常识。

应急演练的具体形式既可以是桌面演练，也可以是实战模拟演练。按演练的规模可以分为单项演练、组合演练和全面演练。

应急预案宣传教育、培训与演练的相关内容将在第四章中详细介绍。

四、应急预案的定期评审与更新

随着社会、经济和环境的变化，应急预案中包含的信息可能会发生变化。因此，应急组织或应急管理机构应定期或根据实际需要评审应急预案，并定期修订完善，以便及时更换变化或过时的信息并解决演练、实施中反映出的问题。

1. 评审类型

应急预案草案应经过所有要求执行该预案的机构或为预案执行提供支持的机构的评审。同时，应急预案作为重大事故应急管理工作的规范文件，一经发布，具有相当的权威性。因此，应急管理部门或编制单位应通过预案评审过程不断地更新、完善和改进应急预案文件体系。评审过程应相对独立。根据评审性质、评审人员和评审目标的不同，将评审过程分为内部评审和外部评审两类，见表 3—2。

表 3—2　　　　应急预案评审类型

<table>
<tr><th colspan="2">评审类型</th><th>评审人员</th><th>评审目标</th></tr>
<tr><td colspan="2">内部评审</td><td>预案编写成员</td><td>（1）确保预案语句通畅
（2）确保应急预案内容完整</td></tr>
<tr><td rowspan="4">外部评审</td><td>同行评审</td><td>具备与编制成员类似资格或专业背景的人员</td><td>听取同行对应急预案的客观意见</td></tr>
<tr><td>上级评审</td><td>对应急预案负有监督职责的个人或组织机构</td><td>对预案中要求的资源予以授权和做出相应的承诺</td></tr>
<tr><td>社区评议</td><td>社区公众、媒体</td><td>（1）改善应急预案的完整性
（2）促进公众对预案的理解
（3）促进预案为各社区所接受</td></tr>
<tr><td>政府评审</td><td>政府部门组织的有关专家</td><td>（1）确认该预案符合相关法律、法规、规章、标准和上级政府有关规定的要求
（2）确认该预案与其他预案协调一致
（3）对该预案进行认可，并予以备案</td></tr>
</table>

（1）内部评审。内部评审是指编制小组内部组织的评审。应急预案编制单位应在预案初稿编写工作完成之后，组织编写成员对预案进行内部评审。内部评审不仅要确保语句通畅，更重要的是评估应急预案的完整性。编制小组可以对照检查表检查各自的工作或评审整个应急预案。如果编制的是特殊风险预案，编制小组应同时对基本预案、标准操作程序和支持附件进行评审，以获得全面的评估结果，保证各种类型预案之间的协调性和一致性。内部评审工作完成之后，应对应急预案进行修订并组织外部评审。

（2）外部评审。外部评审是预案编制单位组织本城或外埠同行专家、上级机构、社区及有关政府部门对预案进行评议的评审。外部评审的主要作用是确保应急预案中规定的各项权力法制化，确保应急预案被所有部门接受。根据评审人员的不同，可分为同行评审、上级评审、社区评议和政府评审四类。

1）同行评审。应急预案经内部评审并修订完成之后，编制单位应邀请具备与编制成员类似资格或专业背景的人员进行同行评审，以便对应急预案提出客观意见。此类人员一般包括：

①各类工业企业及管理部门的安全、环保专家，或应急救援服务部门的专家。

②其他有关应急管理部门或支持部门（如消防部门、公安部门、环保部门和卫生部门）的专家。

③本地区熟悉应急响应工作的其他专家。

2）上级评审。上级评审是指由预案编制单位将所起草的应急预案交由其上一级组织机构进行的评审，一般在同行评审及相应的修订工作完成之后进行。重大事故应急响应过程中，需要有足够的人力、装备（包括个体防护设备）、财政等资源的支持，所有应急功能（职能）的责任方应确保上述资源保持随时可用状态。实施上级评审的目标是确保有关责任人或组织机构对预案中要求的资源予以授权和做出相应的承诺。

3）社区评议。社区评议是指在应急预案审批阶段，预案编制单位组织公众对应急预案进行评议。公众参与应急预案评审不仅可以改善应急预案的完整性，也有利于促进公众对预案的理解，使其被周围各社区正式接受，从而提高应对危险物品事故的有效预防。经济合作与发展组织（OECD）、美国国家应急队、原联邦紧急事务管理局均在各自有关预案编制的指南性材料中提出社区、新闻媒体应参与预案编制过程。公众参与应急预案评议过程的形式可包括：

①召开社区代表讨论会，即预案编制单位组织社区代表讨论会，由编制小组向公众介绍应急预案并回答各社区代表提出的问题。

②发布社区评议公告，即预案编制单位在当地报刊、网站等媒体上发布应急预案，为相关社会团体、个人提供发表意见的机会。

③举行公开会议，即预案编制单位举行公开会议，邀请普通公

众与会并给予提供发表意见或建议的机会。

④邀请公众参与评审，即预案编制单位或编制小组邀请普通公众代表参与同行评审或上级评审过程。

⑤组成社区应急预案咨询委员会，即由社区相关团体组成一定规模的咨询委员会，对预案编制单位或编制小组的工作实施独立评审和评议。

4）政府评审。政府评审是指由城市政府部门组织有关专家对编制单位所编写的应急预案实施审查批准，并予以备案的过程。政府对于重大事故应急准备或响应过程的管理不仅体现在制定有关场内、场外应急预案编制指南或规范性指导文件上，还应参与应急预案的评审过程，如经济合作与发展组织（OECD）要求场内、场外应急预案都应经过政府当局的评审。政府评审的目的是确认该预案符合相关法律、法规、规章、标准和上级政府有关规定的要求，并与其他预案协调一致。一般来说，城市政府部门对应急预案评审后，应通过颁布法规、规章、规范性文件等形式对该预案进行认可和备案。

2. 评审时机

应急预案评审时机是指应急管理机构、组织应在何种情况下、何时或间隔多长时间对预案实施评审、修订。对此，国内外相关法规、预案一般都有较为明确的规定或说明。

重大事故应急预案的评审、修订时机和频次可以遵循如下规则：

（1）定期评审、修订。定期评审、修订的周期可确定为一年，即每年评审、修订一次应急预案。

（2）随时针对培训和演练中发现的问题对应急预案实施评审、修订。

（3）评审重大事故灾害的应急过程，吸取相应的经验和教训，修订应急预案。

（4）国家有关应急的方针、政策、法律、法规、规章和标准发生变化时，评审、修订应急预案。

（5）危险源有较大变化时，评审、修订应急预案。

（6）根据应急预案的规定，评审、修订应急预案。

3. 评审项目

为确保应急预案内容完整、信息准确，符合国家有关法律法规的要求，并具有可读性和实用性，一些发达国家和国际组织在有关应急预案编制指南性材料中，都十分强调预案评审或评价的作用，部分资料更是对预案评审的项目及各项目的评价指标进行了较为详尽的描述。

目前，我国对应急预案的编制尚缺乏较为详细、权威性的指导材料，有关预案评审指标、评审标准的成文规范或指南性材料尚是空白。结合我国重大事故应急准备工作实际，对比分析上述有关国家和国际组织对应急预案编制和评审工作提出的要求和相关资料，重大事故应急预案评审可参考如下4组31个评审项目，见表3—3。

表3—3　　应急预案评审项目

应急预案类别	评审项目	评审结果	备注
A基本预案评审	A1 预案发布 A2 应急组织机构署名 A3 术语与定义 A4 相关法律法规 A5 方针与原则 A6 危险分析 A7 应急资源 A8 机构与职责 A9 教育、培训与演练 A10 与其他应急预案关系 A11 互助协议 A12 预案管理		

续表

应急预案类别	评审项目	评审结果	备注
B应急功能设置评审	B1 接警与通知 B2 指挥与控制 B3 警报和紧急公告 B4 通信 B5 事态监测与评估 B6 警戒与管制 B7 人群疏散 B8 人群安置 B9 医疗与卫生 B10 公共关系 B11 应急人员安全 B12 消防和抢险 B13 泄漏物控制 B14 现场恢复		
C特殊风险管理	C1 特殊风险 C2 特殊风险应急功能设置		
D标准操作程序	D1 标准操作程序编制 D2 标准操作程序格式 D3 标准操作程序内容		

安全生产应急预案必须与生产经营单位的规模、危险等级及应急准备等状况相一致。随着社会、经济和环境的变化，应急预案中包含的信息可能会发生变化。因此，应急组织或应急管理机构定期或根据实际需要对应急预案进行评审、检验、更新和完善，以便及时更换变化或过时的信息，并解决演练、实施中反映出的问题。

当出现以下情况时，应进行应急预案的修订更新：

（1）法律、法规的变化。

（2）需对应急组织和政策作相应的调整和完善。

（3）机构或部门、人员调整。

（4）通过演练和实际安全生产事故应急反应取得了启发性经验。

(5) 需对应急反应的内容进行修订。

(6) 应急预案生效并执行的时间超过五年。

(7) 其他情况。

应急预案管理部门应根据应急预案评审结果、应急演练的结果及日常发现的问题，组织人员对应急预案修订、更新，以确保应急预案的持续适宜性。同时，修订、更新的应急预案应通过有关负责人员的认可，并及时进行发布和备案。

第四节　应急预案编制

一、应急预案编制依据和原则

1. 应急预案编制依据

冶金企业应急预案的编制应依据相关法律法规和行业标准。

(1) 法律依据。我国《中华人民共和国突发事件应对法》是为了预防和减少突发事件的发生，控制、减轻和消除突发事件引起的严重社会危害，规范突发事件应对活动，保护人民生命财产安全，维护国家安全、公共安全、环境安全和社会秩序而制定的。它详细地规定了应急救援在执行中的具体办法，各生产经营单位在编制应急预案、建立应急管理体系时应依据该法开展工作。

另外，在《中华人民共和国消防法》《中华人民共和国防震减灾法》《中华人民共和国职业病防治法》《危险化学品安全管理条例》《特种设备安全监察条例》和《中华人民共和国防洪法》等法律法规中也有关于应急的要求。

在具体编制预案时，冶金企业要依据国务院发布的《国家突发公共事件总体应急预案》《国家安全生产事故灾难应急预案》和国家安全监管总局发布的《冶金事故灾难应急预案》、国家环保总局（现在的国家环境保护部）颁发的《国家突发环境事件应急预案》以及企业所在地的地方人民政府颁发的相关应急预案的具体要求进行编写。

（2）标准依据。冶金企业有其自身的生产特点，因此危险源类型和事故类型也有其自身的特点。在编制冶金企业事故应急预案时，要注意结合冶金企业的安全生产特点。在冶金行业，其项目设计、施工、生产、存储、运输、销售都有相关的行业技术标准，如《炼铁安全规程》（AQ 2002—2004）、《炼钢安全规程》（AQ 2001—2004）、《轧钢安全规程》（AQ 2003—2004）等。此外，很多冶金行业的技术标准是以法规的形式进行规定的，应急预案编制小组在编制应急预案时应认真参照这些规定中的技术指标和实施办法。这些规定主要有：

《冶金企业发展规划和建设项目》（原冶金工业部，1997.01.10）；

《冶金工业建设项目初步设计管理办法》（原冶金工业部，1996.12.20）；

《冶金工业建设项目竣工验收办法》（原冶金工业部，1996.11.21）；

《冶金企业安全卫生设计规定》（原冶金工业部，1996.05.02）；

《冶金工业部民用爆破器材管理办法》（原冶金工业部，1995.08.07）。

2. 应急预案编制的基本原则

编制事故应急预案是严肃的工作，虽然预案内容涉及面广，不同预案有较大的差别，不过编制的基本原则可以概括为以下几个方面：

（1）完整性。事故应急预案的基本要求是完整。由于事故的种类繁多，事故应急预案必须充分考虑到各种可能的事故，尽量建立一个完整的事故预案体系，虽然完美的事故应急预案体系是不可能达到的，但一个相对比较完善的事故应急预案会对防止事故扩大，加快事故的救援，减少人员的伤亡有重大意义。应急预案的完整性主要体现在应急功能完整、应急过程完整和适用范围完整三个方面。

（2）科学性。事故应急救援工作是一项科学性很强的工作，制定预案也必须以科学的态度，在全面调查研究的基础上，开展科学安全分析和风险评价，制定出严密、统一、完整的应急反应方案，使预案真正具有科学性。

（3）实用性。应急救援预案应符合企业现场和当地的客观情况，具有适用性和实用性，便于操作。事故应急救援工作面对的是各种事故，如果事故应急预案只是一些条款的简单规定，其可操作性是值得商榷的。所以事故应急预案不仅应从安全管理方面提出措施，同时更重要的是从具体的安全技术方面提出解决方案，这样才能使预案比较实用。

（4）针对性。应急预案是针对可能发生的事故，为迅速、有序地开展应急行动而预先制定的行动方案。因此，应急预案应结合危险分析的结果，针对重大危险源、可能发生的各类事故、关键的岗位和地点、薄弱环节、重要工程这几个方面进行编制，确保其有效性。

（5）符合法律法规。应急预案中的内容应符合国家法律、法规、标准和规范的要求。应急预案的编制工作必须遵守相关法律法规的规定。

（6）可读性。应急预案应当包含应急所需的所有基本信息，这些信息如组织不善可能会影响预案执行的有效性。因此，预案中信息的组织应有利于使用和获取，并具备相当的可读性。这其中包括易于查询、语言简洁通俗易懂、层次及结构清晰三方面。

（7）应急预案的相互衔接。安全生产应急预案应协调一致、相互兼容。如：生产经营单位的应急预案应与上级单位应急预案、当地政府应急预案、主管部门应急预案、下级单位应急预案等相互衔接，确保出现紧急情况时能够及时启动各方应急预案，有效控制事故。

二、应急预案编制步骤

应急预案的编制过程可分为以下五个步骤（见图 3—2）。

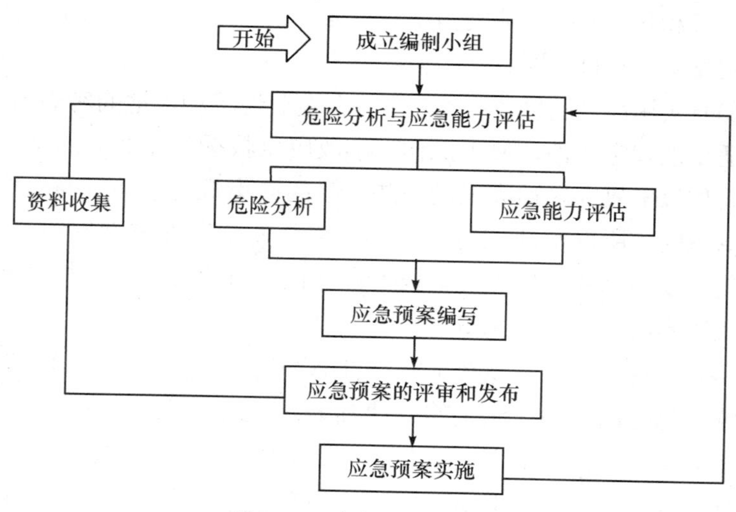

图 3—2 应急预案编制流程

1. 成立预案编制小组

应急预案的成功编制需要有关职能部门和团体的积极参与，并达成一致意见，尤其是应寻求与危险直接相关的各方进行合作。成立预案编制小组是将各有关职能部门、各类专业技术有效结合起来的最佳方式，可有效地保证应急预案的准确性和完整性，而且为应急各方提供了一个非常重要的协作与交流机会，有利于统一应急各方的不同观点和意见。

生产经营单位管理层首先委派本单位 HES 部门或安监部门承担应急救援预案编制小组的筹建工作，也可直接委派负责筹建预案编制小组的成员。成员在预案的制定和实施过程中或紧急事件处理过程中起着举足轻重的作用，因而预案编制小组的成员应精心挑选。编制小组的规模取决于单位的经营规模和应用状况以及资源情况，小组通常由各部门、各层次人员代表构成，目的在于：

（1）鼓励参与，能让更多的人参与到这个过程中来。

（2）增加了参与者所能提供的总的时间与精力。

（3）增加了应急救援预案编制过程的透明度，也易于加快其进度。

（4）为预案的编制过程集思广益，从某种意义上加强了应急管理中的预防工作。

应急救援预案编制小组成员应选拔积极活跃的成员和有咨询能力的员工，多数情况下由一两个人负责主体工作。这些人员必须具备从各个职能部门获取信息的能力，这些职能部门具体包括：上级领导；管理层；员工；人力资源部；工程与维修部；职业安全健康与环保部门；公共信息管理人员；保卫部；有关团体；销售与市场部；法律法规部门；财务部门。

2. 危险分析和应急能力评估

（1）危险分析

危险分析是应急预案编制的基础和关键过程。危险分析的结果不仅有助于确定需要重点考虑的危险，提供划分预案编制优先级别的依据，而且也为应急预案的编制、应急准备和应急响应提供必要的信息和资料。

危险分析包括危险辨识、脆弱性分析和风险分析。

危险辨识的目的是要将可能存在的重大危险因素识别出来，作为下一步风险分析的对象。

1）危险辨识。危险辨识的主要内容包括：

①厂址及环境条件。从厂址的工程地质、地形地貌、水文、气象条件、周围环境、交通运输条件、自然灾害、消防支持等方面进

行分析、辨识。

②厂区平面布局。

A. 总图：功能分区（生产、管理、辅助生产、生活区）布置；高温、有害物质、噪声、辐射、易燃、易爆、危险品设施布置；工艺流程布置；建筑物、构筑物布置；风向、安全距离、卫生防护距离等。

B. 运输线路及码头：厂区道路、厂区铁路、危险品装卸区、厂区码头等。

③道路及运输。从运输、装卸、消防、疏散、人流、物流、平面交叉运输和竖向交叉运输等方面进行分析、辨识。

④建（构）筑物。从厂房的生产火灾危险性分类、耐火等级、结构、层数、占地面积、防火间距、安全疏散等方面进行分析、辨识。

从库房储存物品的火灾危险性分类、耐火等级、结构、层数、占地面积、安全疏散、防火间距等方面进行分析、辨识。

⑤工艺过程。

A. 新建、改建、扩建项目设计阶段危险、有害因素的辨识。

对新建、改建、扩建项目设计阶段的危险、有害因素应从以下六个方面进行分析、辨识：

a. 对设计阶段是否通过合理的设计，尽可能从根本上消除危险、有害因素的发生进行考查。

b. 当消除危险、有害因素有困难时，对是否采取了预防性技术措施来预防或消除危险、危害的发生进行考查。

c. 当无法消除危险或危险难以预防时，对是否采取了减少危险、危害的措施进行考查。

d. 在无法消除、预防、减弱危险、危害的情况下，对是否将人员与危险、有害因素隔离等进行考查。

e. 当操作者失误或设备运行一旦达到危险状态时，对是否能通过联锁装置来终止危险、危害的发生进行考查。

f. 在易发生故障和危险性较大的地方，对是否设置了醒目的安全色、安全标志和声、光警示装置等进行考查。

B. 针对行业和专业的特点进行危险、有害因素的辨识。可利用各行业和专业制定的安全标准、规程进行分析、辨识。例如：原劳动部曾会同原冶金部制定了冶金行业一系列安全规程、规定，评价人员应根据这些规程、规定、要求对被评价对象可能存在的危险、有害因素进行分析和辨识。

C. 根据典型的单元过程（单元操作）进行危险、有害因素的辨识。典型的单元过程是各行业中具有典型特点的基本过程或基本单元。这些单元过程的危险、有害因素已经归纳总结在许多手册、规范、规程和规定中，通过查阅均能得到。这类方法可以使危险、有害因素的辨识比较系统，避免遗漏。

⑥生产设备、装置。对于工艺设备可从高温、低温、高压、腐蚀、振动、关键部位的备用设备、控制、操作、检修和故障、失误时的紧急异常情况等方面进行辨识。

对机械设备可从运动零部件和工件、操作条件、检修作业、误运转和误操作等方面进行辨识。

对电气设备可从触电、断电、火灾、爆炸、误运转和误操作、静电、雷电等方面进行辨识。

还应注意辨识高处作业设备、特殊单体设备（如锅炉房、乙炔站、氧气站）等的危险、有害因素。

⑦作业环境。注意辨识存在毒物、噪声、振动、高温、低温、辐射、粉尘及其他有害因素的作业部位。

⑧安全管理措施。可以从安全生产管理组织机构、安全生产管理制度、事故应急预案、特种作业人员培训、日常安全管理等方面进行辨识。

危险辨识与风险分析程序如图 3—3 所示。

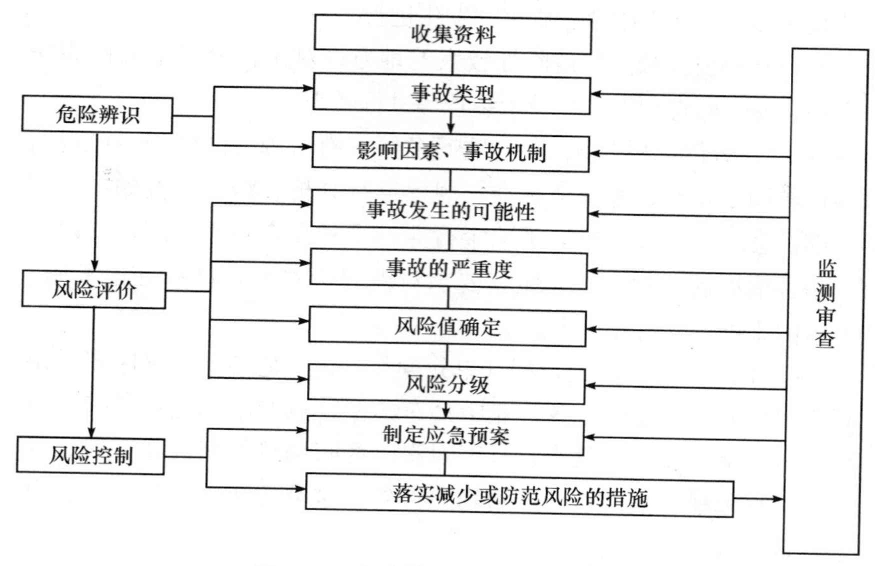

图 3—3　危险辨识与风险分析程序

2）脆弱性分析。脆弱性分析要确定一旦发生危险事故，哪些地方容易受到破坏。脆弱性分析结果应提供下列信息：

①受事故或灾害严重影响的区域、工艺和设备、重大危险源等，主要包括：

A. 区域的风向。

B. 可能受到影响的关键工艺。

C. 具备重大危险源特征的储存和生产单元。

D. 可能发生火灾、爆炸、有毒气体泄漏的装置等。

E. 重大危险源。

F. 主要生产装置。

G. 危险化学品仓库等。

②预计位于脆弱带中的人口数量和类型，明确周边环境情况（如医院、学校、疗养院、托儿所、办公楼的分布、周边居民区的人

数等)。

③可能遭受的财产破坏，包括：基础设施（如水、食物、电、医疗）和运输线路、变配电站、主要交通道路（国家铁路线、国道等)、Ⅰ、Ⅱ级国家架空通信线路。

④可能的环境影响，主要包括：

A. 所在地的地理条件、气象条件及周边环境有重要的影响。为此，应在应急救援附件里明确这些信息。

B. 企业的地理情况（如位置，占地面积，与机场、码头、铁路车站主要交通枢纽的距离)、地质条件（如年平均气温、极端最低气温、年平均降水量、全年主导风向、风玫瑰图等)。

3）风险分析。风险分析是根据危险辨识和脆弱性分析的结果，评估事故或灾害发生时，造成破坏（或伤害）的可能性，以及可能导致的实际破坏（或伤害）程度。通常可能会选择对最坏的情况进行分析。风险分析可以提供下列信息：

①发生事故和环境异常（如洪涝）的可能性，或同时发生多种紧急事故的可能性。

②对人造成的伤害类型（急性、延时或慢性的）和相关的高危人群。

③对财产造成的破坏类型（暂时、可修复或永久的)。

④对环境造成的破坏类型（可恢复或永久的)。

要做到准确分析事故发生的可能性是不太现实的，一般不必过多地将精力集中到对事故或灾害发生的可能性进行精确的定量分析上，可以用相对性的词汇（如低、中、高）来描述发生事故或灾害的可能性，但关键是要在充分利用现有数据和技术的基础上进行合理的评估。

（2）应急能力评估

依据危险分析的结果，对已有的应急资源和应急能力进行评估，包括外部应急资源的评估和内部应急资源的评估，明确应急救援的需求和不足。应急资源包括应急人员、应急设施（备）、装备和物资等；应急能力包括人员的技术、经验和接受的培训等。应急资源和能力将直接影响应急行动的快速、有效性。

制定预案时应当在评价与潜在危险相适应的应急资源和能力的基础上，选择最现实、最有效的应急策略。

应急能力评估主要用于评估资源的准备状况和从事应急救援活动所具备的能力，并明确应急救援的需求和不足，以便及时采取纠正措施。应急能力评估活动是一个动态过程，其中包括应急能力自我评估和相互评估等。

进行应急能力评估的主要目的是便于持续改进应急管理工作，确保应急预案的有效性，帮助提高组织应急救援的水平，在重大事故发生之前审查应急准备工作的进展情况。

1）内部应急资源评估。应急资源是应急救援能力评估的重要组成部分。发生紧急情况时，需要大量的人员、设备和物资供应。如果缺乏足够的设备与供应物资（如消防设备、个人防护设备、清扫泄漏物的设备等），即使有训练良好的应急救援队伍也无法减缓紧急事故。企业应该配备必需的应急设备与物资，并定期进行检查、维护和补充，以免由于应急资源缺乏延误应急救援行动。

许多事故现场可能会涉及火灾、爆炸、有害物质泄漏、自然灾害、技术营救及医疗抢救等，企业的应急能力评估可以和应急资源的准备情况结合起来进行考虑。

①企业消防力量。企业必须购置一定数量的消防设备，这些设备/设施包括：消防水管网系统、灭火剂、手提灭火器、水罐车、水炮、重型水罐车、消防艇、备用发电机、强力照明灯、消防车（水或泡沫）、营救车、救护车、泡沫车、干粉车、灯光车、火场指挥车、供给车、教练车、登高消防车、云梯、曲臂举高消防车、简易帐篷、流动监测车、报警车、危险材料运输车辆等。

②个人防护设备。在许多情况下，应急人员会在离泄漏物很近

的地方工作，因此，在任何时间应急人员都必须穿上合适的防护服。

防护服由应急人员穿戴以防护火灾或有毒液体、气体等危险。使用防护服的目的有三个：保护应急人员在营救操作时免受伤害；在危险条件下应急人员能进行恢复工作；逃生。

③人力资源。应急预案支持附件中要明确企业内部专职和兼职的应急救援人员配置、名单、训练情况、负责人等信息，便于事故发生后进行人员调度、疏散、指挥、协调。

应对下面内容的相关信息进行记录：专业消防队员、当地驻军(防化队）及武警情况、社会救助队伍、抢险救援人员（有关部门及友邻单位)、总调度室、生产调度机构、关键岗位人员名单、应急指挥系统人员、应急救援专家、义务消防队员、义务救援人员等。

④通信、联络及警报设备。明确提供通信、联络的方式、对象；通信器材的种类、数量、所在部位、维护、更新情况和管理规定，包括在不同的应急情况下使用的通信、联络器材和方式等信息和规定。通信、联络及警报设备一般应包括喇叭、警笛、扩音器、公共广播系统、普通电话、热线及专线电话、传真及无线移动电话。

企业在制订应急计划时，应充分考虑通信、联络及警报设备及其准备情况，同时应明确警报设备的覆盖范围

⑤监测和检测设备。为了配合应急救援行动，企业应配备相应的监测和检测设备，如：与企业的生产经营相关的危险物质的监测与检测设备，这些设备最好是便携式的，一旦发生紧急情况可以快速投入使用，并做出灵敏的反应。

⑥泄漏控制设备。对于危险化学品从业单位，存在危险化学品发生泄漏的危险。

气体发生泄漏后，可采用固定消减系统（如水幕和水喷淋）喷出吸收剂吸收扩散泄漏的气体（如氨气）。

液体泄漏的预防技术以及液体泄漏后的存留设备较为常见。固体储罐的液体泄漏存留可使用围堤、沟渠。除此以外，还应建设应

急存留系统，如果地形允许，可使用动土设备，塑料里衬和漂浮栏可用来限制泄漏物质流入地面或临近敏感区域（如水源）。

泵可用来有效处理泄漏物质或容器内的危险物质到安全的位置。紧急情况下，带应急塑料里衬的容器可临时存留物质，以待恢复和转移。

控制泄漏经常使用的化学药剂主要有抑制剂、中和剂、吸附剂等。

⑦保安和进出管制设备。作为应急救援中的关键因素，保安和进出管制设备在应急救援附件里也要明确说明。

⑧应急电力设备。在电力中断时，应急电力支持系统可以确保一些设备能够使用并可保持多种重要系统的运转。主要的设备和应急管理系统都应该有应急电力系统作为暂时动力。

⑨应急救援所需的重型设备。重型设备在控制紧急情况时是非常有用的，它经常与大型公路或建筑物联系起来。在紧急情况下，可能用到的重型设备包括反向铲、装载机、车载升降台、翻卸车、推土机、起重机、叉车、坡土机、破拆机、开孔器、挖掘机、便携式发动机等。

上述设备企业不一定购置，但至少应明确一旦需要可以从哪些单位获得上述重型设备的支援。

⑩各种保障制度。包括责任制，值班制度，培训制度，应急救援装备、物资、药品等检查、维护制度，演练制度。

2）外部应急资源评估。当企业内部的应急资源或应急力量有限或不足以应对重特大事故时，应充分利用企业外部的应急资源和社会的专兼职应急力量。

①城市专兼职消防力量。当企业的消防力量有限或不足以应对重特大事故时，应充分利用城市中的专兼职消防力量。为此，在支持附件里应明确给出附近的消防力量情况，包括各消防力量能力、装备、布局描述，如灭火系统、消防供水系统、火灾检测系统，以

及联系方式和义务消防队伍情况等。

②医疗救护机构分布及救护能力。医疗机构包括企业内部的医疗室和企业外部的医院、防疫站等。

应核实医院的医疗能力，包括总的床位、治疗不同类型伤害的能力、缓解病情的设备、治疗专长、医护人员的配备和其他一些特定功能。

此外，还应明确运送伤员的有效工具和途径。

③信息资源。应急活动需要可靠的实时数据和信息资源，主要有基础信息资源和应急信息资源。需要注意的是，这些丰富的背景数据和种类繁多的信息，可能来自不同的地域、空间、单位和部门，必须进行信息资源的整合，才能交换数据，共享信息，支撑应急反应的各种活动。

A. 基础信息资源。基础信息资源内容涉及五大方面：

a. 政治方面。

b. 经济方面。

c. 社会发展。

d. 资源环境。

e. 地理信息。

B. 应急信息资源。应急信息资源包括突发事件信息、应急预案、应急资源、指挥体系、应急队伍、应急器材、应急案例、应急法律和规章制度等信息。

④专家系统。事故应急救援另外一个重要的资源就是专家系统。各行各业的专家在应对和处理突发事件和事故时提供了系统有效的技术指导和应急处置的措施，并为政府决策提供了科学依据，在协助有关部门做好突发事件应急处置的工作中发挥了不可替代的“智囊团”和参谋作用，这为事故应急救援工作步入信息化、制度化、规范化的轨道提供了保障。

国家和地方政府应该建立事故应急处理专家库，各组织也应该掌握一些专家信息。

总之，依据对外部应急救援能力的分析结果，应该确定单位互助的方式、请求政府协调应急救援力量、应急救援信息咨询、专家信息等。

3）应急能力分析。依据以上内、外资源的分析，企业应根据实际情况，通过对现有的应急能力、可能发生的危险和紧急情况有关的信息等进行分析，对企业目前在处理紧急事件时的基本能力进行分析。此项工作应由应急编制小组中的专业人员进行，并与相关部门及重要岗位员工交流。

①内、外部应急能力的概念。

A. 内部应急能力。内部应急能力是指事故发生单位自身对事故的应急能力，这种能力可以确保事故单位采取合理的预防和疏散措施来保护本单位的人员，其余的事故应急工作留给应急救援系统中的其他机构来完成。

B. 外部应急能力。外部应急能力是指利用事故单位以外的外部机构来对紧急情况进行应急的处理能力。

②内、外部应急能力分析的内容。一般来说，无论是内部还是外部的应急能力分析，都应包括如下内容：

A. 对企业现有的风险进行识别、预测和评价。

B. 确定现有的应急措施或计划采取的应急措施是否能消除危害或控制风险，然后对其脆弱性进行分析，确定企业在处理紧急事件时的能力。

C. 现有的适用法律和法规。确定适用企业和地方应急方面的相关法规。

D. 查阅相关的文献。

应急能力分析的结果应形成书面报告，作为应急预案编制的决策基础。

3. 编制应急预案

应急预案的编制必须基于重大事故风险分析结果、应急资源的需求和现状以及有关的法律法规要求。此外，编制预案时应充分收集和参阅已有的应急预案，尽可能地减少工作量和避免应急预案的重复和交叉，并确保与其他相关应急预案的协调和一致性。

(1) 风险等级分析。列出要执行的任务，并且明确由谁来执行、什么时间执行。明确如何解决前面危险性分析中所辨识出的有问题的区域和不足的资源。

(2) 书写预案。起草应急预案是应急预案编制小组一个合作、协调的过程。应急预案编制小组应考虑前面涉及的所有紧急事件并说明如何进行应急准备、响应与恢复。

编制预案时，应急预案编制小组负责人应确定编写预案的目标与阶段，制定任务表格。在应急预案书写环节，要给小组的每位成员分配一部分内容去完成，注意书写前应确定每部分内容恰当的书写形式。针对每一个特殊目标应建立一个积极的时限要求，并给予足够的时间去完成工作，但是不适宜拖延，可制定如下的阶段安排时间表：

1）第一草图。

2）检查。

3）修正图纸。

4）桌面演练。

5）最终定稿。

6）印刷。

7）分发到个人。

(3) 建立应急培训时刻表。指定专人或部门负责为本单位制定一套应急培训时刻表，关于应急培训的一些特殊事项将在下一章中阐述。

(4) 与外部组织的协调。定期会见当地政府机构和社团组织，使相关政府机构知道本单位正在创建一个应急救援预案。尽管该预案并非一定要取得官方的批准，但是沟通与交流很可能为应急预案编制小组提供有价值的见解和信息。

弄清国家和政府关于应急管理报告的要求，并考虑将这些要求融入本单位的应急响应程序中去。确定关于将响应控制与外界机构衔接的协议，需要详细制定的内容如下：

1）响应单位使用哪一个大门和入口？

2）他们该去哪里汇报？向谁汇报？

3）他们如何被识别？

4）企事业单位人员怎样与外界人员联系？

5）谁负责响应行动？

6）紧急事件发生时主要工作人员应与哪些政府部门联系？

（5）与其他社团机构保持联系。除了与外部组织经常保持联系外，应急预案编制小组还应与单位周围其他社团机构进行交流，以便学习到以下内容：

1）他们的应急通知诉求。

2）互相协作的必要条件。

3）紧急事件发生时单位与各机构之间应如何帮助。

4）注意人员的电话号码和手机号码。

这些信息在制定预案的程序中都应涉及。

（6）应急预案的检查、演练与修正。应急预案编制小组首先应把第一草稿分发给小组成员进行检查，必要时需进行修正。

第二次检查时，应进行一个由管理者和应急救援预案主要工作人员参与的桌面演练。在会议室内，模拟紧急事件发生时的情况，让参与者讨论他们的责任和对于该紧急事件他们将如何反应。在此基础上，找出令人引起混乱或反复出现的问题以做出相应的修改。

（7）寻求最终批准。应急预案文档文件完成之后，应急预案编制小组应向企事业单位主要负责人以及高级管理者作一应急救援简报，并从他们那里获得书面的批准报告。

(8) 预案的批准与分发。最后，应急预案编制小组将企业负责人签发的应急预案进行最后整理，并且清点应急预案的份数和页码，然后分发给员工。对每一位收到应急预案的人员都要求签上姓名。对与部分预案有关的事情要特别叮嘱，并且做出相应记录。

明确应急预案中哪一部分需要向政府机构展示，有的部分如私人姓名或电话号码属单位秘密。

最终预案至少应分发到以下的人员与部门：

1）企事业法人、公司首席执行官和最高主管。

2）公司、企事业应急事件响应机构组织的负责人员。

3）企事业领导。

4）社区应急救援预案响应机构。

4. 应急预案的评审与发布

(1) 应急预案的评审。为确保应急预案的科学性、合理性以及与实际情况的符合性，预案编制单位或管理部门应依据我国有关应急的方针、政策、法律、法规、规章、标准和其他有关应急预案编制的指南性文件与评审检查表，组织开展预案评审工作，取得政府有关部门和应急机构的认可。

(2) 应急预案的发布。重大事故应急预案经评审通过后，应由最高行政负责人签署发布，并报送有关部门和应急机构备案。

5. 应急预案的实施

实施应急预案是应急管理工作的重要环节，主要包括：应急预案的宣传、教育和培训；应急资源的定期检查落实；应急演练和训练；应急预案的实践；应急预案的电子化；事故回顾等。

三、注意事项

随着我国有关制定事故应急预案要求的法律法规相继出台，各地方政府和企业已开始了应急预案的编制工作。然而，从各地编制的重大事故应急预案的总体情况来看，水平参差不齐，与开展事故应急救援工作的要求存在较大的差距，难以满足应急救援工作的需要。主要存在以下问题：

1. 应急预案内容粗略

目前，各地方政府已发布的应急预案大多是一个几页纸的政府文件，其中仅对应急救援的有关组织机构与职责、法律责任等方面做了一些规定，而应急预案中应包括的核心内容不全面，将应急预案与应急条例混淆。

2. 应急预案的可操作性差

应急预案的编制没有充分考虑自身可能存在的重大危险及其后果和应急能力的实际，对应急关键信息，如潜在重大危险分析、支持保障条件、决策、指挥与协调机制等缺乏详细而系统的描述，导致应急预案的针对性和操作性较差，有的甚至连报警和通报联系电话表都未提供。

3. 重大事故应急预案缺乏系统的规划和协调

不同的地方政府和企业面临的潜在重大事故可能会有多种类型，应针对不同的事故类型进行系统规划，保证各应急预案之间的协调性，形成完整的预案文件体系，以避免预案之间的矛盾和交叉。有些地方政府和企业针对可能的重大事故编制了孤立或单独的应急预案，不仅在应急组织机构职责、指挥以及响应程序等方面带来了不必要的内容重复，而且极易引起矛盾和混乱，给预案维护等带来一系列问题。

4. 应急预案缺乏有效的实施

编制应急预案并不等于事故的应急救援工作就有了保障。即使一个非常完善的应急预案，倘若发布之后便束之高阁，没有进行有效的落实和贯彻，也仅仅是一个“文本文件”或“花瓶预案”。应急预案能否在事故应急救援中发挥有效的作用，不仅取决于预案本身的完善程度，还取决于应急预案的实施情况，包括预案的宣传、培训、演练以及应急知识宣传等。

5. 应急预案缺乏动态调整方法，难以随机应变

在现有的许多应急预案中，针对事件变化或环境变化的动态调整，往往只是用一句话提醒人们当事件的性质和环境变化时，应急预案应该随之变化，或仅给出了一些调整的原则，其结果往往是应急预案在实施过程中难以做到随机应变。

6. 应急预案没有与生产经营活动密切结合

许多生产经营单位的应急预案参照政府应急预案而编制，比较宏观，脱离生产经营活动实际，缺少有效的现场处置措施。

第五节　应急预案编制示例

××钢铁厂冶金事故应急救援预案

1　总则

1.1　编制目的

规范冶金事故的应急管理和应急响应程序，及时有效地开展冶金事故救援工作，最大限度地减少事故造成的损失，维护人民群众的生命安全、财产安全和社会稳定。

1.2　编制依据

根据《中华人民共和国安全生产法》《危险化学品安全管理条例》《消防法》《国家冶金事故灾难应急预案》和《××市突发公共事件总体应急预案》等有关法律法规，制定本预案。

1.3　适用范围

本预案适用于我厂冶金事故的应急救援工作。

1.4　工作原则

1.4.1 以人为本，安全第一。把保障人民群众的生命安全和身体健康、最大限度地预防和减少冶金事故造成的人员伤亡作为首要任务。切实加强应急救援人员的安全防护。充分发挥人的主观能动性、专业救援力量的骨干作用和人民群众的基础作用。

1.4.2 统一领导，分级管理。在我市突发公共事件应急委员会（以下简称市应急委）的统一领导和市冶金事故应急救援指挥部（以下简称市应急指挥部）的组织协调下，我厂认真履行安全生产责任主体职责，制定安全生产应急救援预案，建立应急救援机制。

1.4.3 依靠科学，依法规范。充分发挥专家作用，实行科学民主决策。采用先进的救援装备和技术，增强应急救援能力。依法规范应急救援工作，确保应急预案的科学性、权威性和可操作性。

1.4.4 预防为主，平战结合。贯彻落实“安全第一、预防为主、综合治理”的方针，坚持事故灾难应急与预防工作相结合。做好预防、预测、预警和预报工作，做好常态下的风险评估、物资储备、队伍建设、装备完善、预案演练等工作。

2 冶金事故应急救援组织体系与职责

2.1 应急救援指挥机构

2.1.1 应急指挥部

××钢铁厂冶金事故应急救援组织体系由厂应急委、厂应急指挥部、应急救援队伍和本厂各单位组成。

厂应急委为冶金事故应急救援领导机构，厂应急指挥部为综合协调指挥机构。厂应急指挥部下设办公室，具体承担冶金事故应急救援管理工作。应急救援队伍主要包括消防部队、专业应急救援队伍、社会力量、志愿者队伍及其他救援力量。

厂应急指挥部总指挥由主管安全生产工作的厂长兼任；副总指挥由厂内安全处处长兼任。

此外，厂外救援单位由本市安全生产监督管理局、公安局、消防局、卫生局、环保局、交通局、民政局、气象局和市供电公司、市煤气公司、市自来水公司及其他应急救援队伍组成。

各厂外救援单位根据自身职责，履行本部门在冶金事故应急救援和保障方面的职责，负责指挥、管理并实施有关应急预案。

2.1.2　各厂外救援单位的职责

市安全生产监督管理局（安委会办公室）负责定期召开例会，组织指挥演练，负责冶金事故应急救援抢险、抢救的联络、协调工作，并根据实际情况补充、修订和更新市级预案；负责专家组管理，提供应急救援的技术支持；负责对企业冶金事故应急救援预案进行备案；负责组织事故的调查工作；负责联系驻军援助工作。

市公安消防局负责与相关部门迅速控制危害源，营救受害人员，扑灭火灾，保障救援交通畅通、人员疏散，必要时实施交通管制，组织安全警戒，维护现场及周围地区的治安秩序。

市卫生局负责组织医疗救护队对事故现场受害人员进行救护，调动药品、医疗器材。

市环保局负责事故现场环境状况的应急监测，确定事故种类、空气中有害气体浓度及污染范围；监督事故责任单位及专业处置单位对现场的无害化处置工作。

市交通局负责组织运输车辆，保证运送疏散人员和供应物资。

市民政局负责组织救灾物资，配合做好善后处理工作。

市气象局负责准确提供事故现场当时气象情况。

××市供电公司负责事故现场电力保障。

××市煤气公司负责切断事故现场煤气。

××市自来水公司负责保证事故现场消防用水。

2.2　应急救援日常管理机构的设立与职能

厂应急指挥部办公室负责全厂冶金事故应急救援的日常管理工作。其主要职责是：依法组织协调有关冶金事故的应急救援处理工作；组织制定有关冶金事故应急救援处理的制度和措施；组建与完善冶金事故监测和预警系统；制定冶金事故应急救援预案并组织预案演练；组织冶金事故应急救援知识和处理技术的培训；指导各相关部门实施冶金事故应急救援预案；帮助和指导各相关部门对其他冶金事故的应急救援工作。

3　冶金事故的分级和现场紧急处置

依据国家《冶金事故灾难应急预案》，根据冶金事故性质、危害程度、涉及范围，冶金事故分为特别重大事故、重大事故、较大事故和一般事故。

3.1　特别重大冶金事故（Ⅰ级）

造成或可能造成30人以上死亡，或100人以上中毒，或疏散转移10万人以上，或1亿元以上（含1亿元）直接经济损失，或特别重大社会影响、事故事态发展严重且亟待外部力量应急救援等。

3.2　重大冶金事故（Ⅱ级）

造成或可能造成10～29人死亡，或50～100人中毒，或5 000万～1亿元直接经济损失，或重大社会影响。

3.3　较大冶金事故（Ⅲ级）

造成或可能造成3～9人死亡，或30～50人中毒，或直接经济损失较大，或较大社会影响等。

3.4　一般冶金事故（Ⅳ级）

造成或可能造成3人以下死亡，或30人以下中毒，或一定社会影响等。

3.5　现场紧急处置

现场应急救援指挥部根据事故发展情况，在充分考虑专家和有关方面意见的基础上，依法采取紧急处置措施。涉及跨区级行政区、或影响严重的紧急处置方案，由市安全生产监督管理局协调实施，影响特别严重的报省局或国家总局决定。

本厂的冶金事故按照可能造成的后果，分为高炉、电弧炉、冲天炉垮塌事故，煤粉爆炸事故，钢水、铁水爆炸事故，煤气火灾、爆炸事故，煤气、硫化氢、氰化氢中毒事故，氧气火灾事故。针对上述事故的特点，事故发生单位和现场应急救援指挥部应参照下列处置方案和处置要点开展工作。

3.5.1　一般处置方案

（1）在做好事故应急救援工作的同时，迅速组织群众撤离事故危险区域，维护好事故现场和社会秩序。

（2）迅速撤离、疏散现场人员，设置警示标志，封锁事故现场和危险区域，同时设法保护相邻装置、设备，防止事态进一步扩大和引发次生事故。

（3）参加应急救援的人员必须受过专门的训练，配备相应的防护（隔热、防毒等）装备及检测仪器（毒气检测等）。

（4）立即调集外伤、烧伤、中毒等方面的医疗专家对受伤人员进行现场医疗救治，适时进行转移治疗。

（5）掌握事故发展情况，及时修订现场救援方案，补充应急救援力量。

3.5.2　电弧炉、冲天炉垮塌事故处置要点

发生电弧炉、冲天炉垮塌事故，铁水、炽热焦炭、高温炉渣可能导致爆炸和火灾；电弧炉、冲天炉喷吹的煤粉可能导致煤粉爆炸；电弧炉、冲天炉煤气可能导致火灾、爆炸；电弧炉、冲天炉煤气、硫化氢等有毒气体可能导致中毒等事故。处置电弧炉、冲天炉垮塌事故时要注意：

（1）妥善处置和防范由炽热铁水、煤粉尘、电弧炉、冲天炉煤气、硫化氢等导致的火灾、爆炸、中毒事故。

（2）及时切断所有通向电弧炉、冲天炉的能源供应，包括煤粉、动力电源等。

（3）监测事故现场及周边区域（特别是下风向区域）空气中的有毒气体浓度。

（4）必要时，及时对事故现场和周边地区的有毒气体浓度进行分析，划定安全区域。

3.5.3　煤粉爆炸事故处置要点

在密闭生产设备中发生的煤粉爆炸事故可能发展成为系统爆炸，摧毁整个烟煤喷吹系统，甚至危及炉体；抛射到密闭生产设备以外的煤粉可能导致二次粉尘爆炸和次生火灾，扩大事故危害。处置煤粉爆炸事故时要注意：

（1）及时切断动力电源等能源供应。

（2）严禁贸然打开盛装煤粉的设备灭火。

（3）严禁用高压水枪喷射燃烧的煤粉。

（4）防止燃烧的煤粉引发次生火灾。

3.5.4　钢水、铁水爆炸事故处置要点

发生钢水、铁水爆炸事故，应急救援时要注意：

（1）严禁用水喷射钢水、铁水降温。

（2）切断钢水、铁水与水进一步接触的任何途径。

（3）防止四处飞散的钢水、铁水引发火灾。

3.5.5　煤气火灾、爆炸事故处置要点

发生煤气火灾、爆炸事故，应急救援时要注意：及时切断所有通向事故现场的能源供应，包括煤气、电源等，防止事态的进一步恶化。

3.5.6　煤气、硫化氢、氰化氢中毒事故处置要点

冶炼和煤化工过程中可能发生煤气、硫化氢和氰化氢泄漏事故，应急救援时要注意：

（1）迅速查找泄漏点，切断气源，防止有毒气体继续外泄。

（2）迅速向当地人民政府报告。

（3）设置警戒线，向周边居民群众发出警报。

3.5.7　氧气火灾事故处置要点

发生氧气火灾事故，应急救援时要注意：

（1）在保证救援人员安全的前提下，迅速堵漏或切断氧气供应渠道，防止氧气继续外泄。

(2) 对氧气火灾导致的烧伤人员采取特殊的救护措施。

4　冶金事故的监测、预警与报告

4.1　事故监控与信息报告

厂应急指挥部办公室应加强对重大危险源的监控，对可能引发冶金事故的险情等重要信息应及时上报。发生冶金事故时，值班人员要及时、主动向厂应急委、厂应急指挥部办公室、各有关部门提供与事故应急救援有关的资料。

为及时掌握冶金事故情况、传递信息、下达指令，发生冶金事故的单位必须将事故单位、时间、地点、事故原因、损失程度及抢险情况迅速与下列单位电话联系：

厂安全生产事故应急办公室电话：×××××××××

市安全生产监督管理局监管一处电话：×××××××××

4.2　预警行动

厂冶金事故应急救援机构接到可能导致冶金事故的信息后，按照应急预案及时研究确定应对方案并做出相应级别的预警，依次用红色、橙色、黄色、蓝色表示特别重大、重大、较大和一般四个预警级别。

4.3　事故报告

任何单位和个人有权向我厂领导机构、各级政府及有关部门报告冶金事故及其隐患，有权向厂领导机构、政府部门举报不履行或者不按照规定履行冶金事故应急救援职责的部门、单位和个人。

4.3.1　冶金事故报告单位和责任报告人

4.3.1.1　冶金事故报告单位

(1) 市和区（市）县安全生产监督管理局。

(2) 县级以上政府。

(3) 本厂应急委。

4.3.1.2　冶金事故责任报告人

冶金事故的责任报告人主要为我厂的安全员、安全科（处）长、主管安全的副厂长、厂长。

4.3.2 冶金事故报告时限和程序

当我厂工作人员发现事故后，应当在第一时间向当班安全工作人员报告，或直接向本厂厂应急委、厂应急指挥部、安全处报告。

我厂在发生安全生产事故时，应当在第一时间向所在地安全生产监督管理局及市应急委报告，同时向同级政府报告。

4.3.3 冶金事故的报告内容

冶金事故报告分为首次报告、进程报告和结案报告。

首次报告：未经调查确认的冶金事故或存在隐患的相关信息，应说明信息来源、危害范围、事故性质的初步判定和拟采取的措施；经调查确认的冶金事故应说明危害范围、事故性质的判定和采取的措施。

进程报告：应说明事故发展变化趋势、处理情况，并对初次报告的内容进行补充、修正。进程报告随时上报。

结案报告：应说明事故发生的过程、原因、存在问题及防范和处理建议等详细情况。

5 应急反应与终止

5.1 应急反应原则

（1）发生冶金事故后，我厂应急委、应急指挥部办公室和安全处按照分级响应的原则，根据相应级别做出应急反应。

（2）要密切注意冶金事故的变化情况，根据冶金事故发生规律、性质、特点，适时提高或降低预警和反应级别，并对应急工作状态做出适当调整。

（3）事故发生地安全员接到事故情况通报后，要及时通知相应的应急抢险队伍，组织做好应急救援所需人员和物资准备。

5.2 应急反应措施

5.2.1 本厂应急反应措施

（1）组织协调有关部门参与冶金事故应急救援。

(2) 调集征用有关物资设备。

(3) 划定控制区域。

5.2.2 市、区(市)县安全生产监督管理局应急反应措施

(1) 组织调查与处理。市安全生产监督管理局组织冶金专家开展事故的调查、处理。

(2) 组织分析与论证。组织专家对冶金事故进行评估，提出启动冶金事故应急救援预案的级别。

(3) 采取应急控制措施。根据需要组织实施应急救援措施。

(4) 加强督导检查。市安全生产监督管理局对全市或重点地区的冶金事故应急救援工作进行督导、检查。区(市)县安全生产监督管理局负责对本行政区域内的应急处理工作进行检查、指导。

(5) 组织技术培训。市、区(市)县安全生产监督管理局按照国家、省安全生产监督管理局的要求，开展相应的培训工作。

5.3 应急反应的启动程序

(1) 市、区(市)县安全生产监督管理局接到冶金事故报告后，应立即组织专家进行调查、确认、分析、评估。

(2) 市、区(市)县安全生产监督管理局根据专家意见，做出是否向本级政府提出启动相应应急反应和成立冶金事故应急救援指挥部的建议。

(3) 市、区(市)县政府根据安全生产监督管理局的建议，做出是否启动应急反应和成立现场指挥部的决定，并做好冶金事故应急救援的统一领导和指挥。

5.4 分级响应

发生特别重大冶金事故，启动Ⅰ级响应；发生重大冶金事故，启动Ⅱ级响应。Ⅰ级、Ⅱ级响应行动由市应急指挥部组织实施，并及时向市应急委报告救援工作进展情况。

发生较大冶金事故，启动Ⅲ级响应。Ⅲ级响应由事故发生地区(市)县应急指挥机构组织实施，并及时向市应急指挥部报告救援工

作进展情况。

发生一般冶金事故，启动Ⅳ级响应。Ⅳ级响应由事故发生单位组织实施，并及时逐级报告救援工作进展情况。

事故发生后，事故单位和事故发生地区（市）县应急指挥机构要按照相应的应急预案全力以赴组织救援，超出其应急救援能力时，要及时报请市应急指挥机构启动市应急救援预案实施救援。

5.5　应急救援反应终止

冶金事故应急抢险救援反应的终止须冶金事故隐患或相关危险因素消除。

重大冶金事故的反应终止由省安全生产监督管理局组织专家进行分析论证，提出反应终止的建议，报省政府或市应急委批准后实施。

特别重大冶金事故的反应终止按国务院或全国冶金应急救援指挥部的决定执行。

6　后期处置

6.1　善后处置

厂应急委在市应急委的领导下，会同相关部门（单位）负责组织冶金事故的善后处置工作，包括人员安置、补偿，征用物资补偿，灾后重建，污染物收集、清理与处理等事项。尽快消除事故影响，妥善安置和慰问受害及受影响人员，保证社会稳定，尽快恢复正常秩序。

6.2　保险

冶金事故发生后，保险机构及时开展应急救援人员保险受理和受灾人员保险理赔工作。

6.3　事故灾难调查报告、经验教训总结及改进建议

冶金事故由市、区（市）县安全生产监督管理局负责组成调查组进行调查。

事故善后处置工作结束后，我厂应急委应积极配合市现场应急

救援指挥部分析总结应急救援经验教训，提出改进应急救援工作的建议，完成应急救援总结报告并及时上报。

7 保障措施

7.1 救援装备保障

我厂应急救援队伍根据实际情况和需要配备必要的应急救援装备。专业应急救援指挥机构应当掌握本专业的特种救援装备情况，各专业队伍按需要配备救援装备。

7.2 应急队伍保障

我厂依法组建和完善的救援队伍，每年都要进行演练，并接受市安全生产监督管理局的检查。

7.3 交通运输保障

发生冶金事故后，市应急指挥部办公室或有关部门根据救援需要及时协调民航、交通和铁路等行政主管部门提供交通运输保障。所在地政府有关部门对事故现场进行道路交通管制，根据需要开设应急救援特别通道，道路受损时应迅速组织抢修，确保救灾物资、器材和人员运送及时到位，满足应急处置工作需要。

7.4 宣传、培训和演练

7.4.1 宣传

厂应急指挥部办公室和有关部门组织进行应急法律法规和事故预防、避险、救灾、自救、互救常识的宣传，各媒体提供相关支持。

7.4.2 培训

我厂有关部门组织各级应急救援管理机构以及专业救援队伍的相关人员进行上岗前培训和业务培训。

7.4.3 演练

各专业应急救援机构每年至少组织1次冶金事故应急救援演练。市应急指挥部办公室每2年至少组织1次联合演练。我厂根据自身特点，定期组织本单位的应急救援演练。演练结束后及时进行总结。

8 预案管理与更新

8.1　应急救援预案的制定

××市冶金事故应急救援预案分为市级预案和区（市）县级预案。我厂根据有关法律、法规的规定，参照以上两级预案并结合本厂实际，制定本厂冶金事故应急救援预案。

8.2　应急救援预案的修订

随着应急救援相关法律法规的制定、修改和完善，部门职责或应急资源发生变化，以及实施过程中发现存在问题或出现新的情况，应及时修订完善本预案。

9　附则

9.1　预案解释部门

本预案由厂应急指挥部办公室负责解释。

9.2　预案实施时间

本预案自印发之日起施行。

××××年××月××日

第四章 应急教育、培训和演练

应急预案的教育、培训和演练是检验应急预案的有效性、合理性，发现应急预案的不足之处，并指导应急预案修订和改进的重要手段。我国很多法律法规都有应急预案教育、培训和演练的相关内容。其中，《冶金事故灾难应急预案》中规定："……地方各级人民政府、冶金企业要按规定向公众和职工说明冶金企业发生事故可能造成的危害，广泛宣传应急救援有关法律法规和冶金企业事故预防、避险、避灾、自救、互救的常识。……冶金企业按照有关规定组织应急救援队员参加培训；冶金企业按照有关规定对员工进行应急培训教育。各级应急救援管理机构负责对应急管理人员和相关救援人员进行培训，并将应急管理培训内容列入各级行政管理培训课程。……冶金企业按有关规定定期组织应急救援演练；地方人民政府及其安全监管部门和专业应急救援机构定期组织冶金企业进行事故应急救援演练，并于演练结束后向安全监管总局提交书面总结。应急指挥中心每年会同有关部门组织一次应急演练。"

第一节 应急教育与培训

一、教育与培训的目的和工作原则

1. 教育与培训的目的

生产经营单位应采取不同的方式开展安全生产应急管理知识和

应急预案的宣传教育和培训工作，其目的主要有以下六个方面：

（1）应急培训与教育工作是增强企业危机意识和责任意识、提高事故防范能力的重要途径。

（2）应急培训与教育工作是提高应急救援人员和企业职工应急能力的重要措施。

（3）应急培训与教育工作是保证安全生产事故应急预案贯彻实施的重要手段。

（4）应急培训与教育工作是确保所有从业人员具备基本的应急技能，熟悉企业应急预案，掌握本岗位事故防范措施和应急处置程序的重要方法。

（5）应急培训与教育工作能够使应急预案相关职能部门及人员提高危机意识和责任意识，明确应急工作程序，提高应急处置和协调能力。

（6）应急培训与教育工作能够使社会公众了解应急预案的有关内容，掌握基本的事故预防、避险、避灾、自救、互救等应急知识，提高安全意识和应急能力。

因此，各级安全生产监督管理部门应结合当地工作实际和应急预案编制工作进度，统一规划，突出重点，采取多种形式配合和指导企业广泛开展安全生产应急预案的宣传教育和普及工作。

2. 工作原则

安全生产应急培训与教育工作纳入安全监管总局培训工作总体规划部署，有计划、分步骤实施，并遵循以下工作原则：

（1）统一规划、合理安排。按照安全监管总局培训工作总体规划，结合安全生产应急管理和应急救援工作实际，合理安排培训与教育工作计划，突出工作重点，明确工作目标。

（2）分级实施、分类指导。按照“分级负责、分类管理”的原则，分层次、分类别制定培训与教育大纲，编写培训与教育教材，培养专业教师队伍，开展培训工作。

(3) 联系实际，学以致用。紧密结合安全生产应急管理和应急救援工作实际，围绕“一案三制”建设，针对受训对象的特点和工作需要开展培训工作，着眼于提高事故预防技术水平，着眼于提高科学决策和事故处置能力。

(4) 整合资源，创新方式。充分利用现有培训资源，增强现有基地应急培训功能，创新培训方式，理论与实践结合，增强培训效果。

(5) 规范管理，提高质量。发挥各级安全生产应急管理机构的综合协调作用，调动各地区、各部门、各企业的积极性，规范培训考评制度，提高教学质量，形成良好的培训工作秩序。

二、教育与培训的基本内容

应急培训与教育的基本任务是锻炼和提高队伍在突发事故情况下的快速抢险、及时营救伤员、正确指导和帮助群众防护或撤离、有效消除危害后果、开展现场急救和伤员转送等应急救援技能和应急反应综合素质，从而有效降低事故危害，减少事故损失。

应急培训与教育的范围应包括政府主管部门的培训与教育、社区居民的培训与教育、专业应急救援队伍的培训与教育、企业全员培训与教育。

应急培训与教育包括对参与行动所有相关人员进行的最低程度的应急培训与教育，要求应急人员了解和掌握如何识别危险、如何采取必要的应急措施、如何启动紧急情况警报系统、如何安全疏散人群等基本操作。需要强调的是，应急培训与教育内容中应加强针对火灾应急的培训与教育以及危险物质事故应急的培训与教育，因为火灾和危险品事故是常见的事故类型，因此，培训与教育中要加强与灭火操作有关的训练，强调危险物质事故的不同应急水平和注意事项等内容。

1. 报警

（1）使应急人员了解并掌握如何利用身边的工具最快、最有效地报警，比如用手机、寻呼、无线电、网络或其他方式报警。

（2）使应急人员熟悉发布紧急情况通告的方法，如使用警笛、警钟、电话或广播等。

（3）当事故发生后，为及时疏散事故现场的所有人员，应急队员应掌握如何在现场贴发警报标志。

2. 疏散

为避免事故中不必要的人员伤亡，应培训与教育足够的应急队员在紧急情况下，现场安全、有序地疏散被困人员或周围人员。对人员疏散的培训可在应急训练和演练中进行，通过训练和演练还可以测试应急人员的疏散能力。

（1）在听到警报后，应急人员应按应急救援预案的规定进入指定位置，并立即组织和引导本区域的在场人员进行疏散。

（2）应急人员应视现场具体情况，灵活地组织疏散，酌情通报，防止混乱。

（3）在火灾事故中，当火势较大，直接影响人员疏散时，应急人员应当会利用现有的消防设施全力堵截火势，进行强行疏导、疏散。

（4）应急人员还应当具备稳定人们的情绪、基本急救技能等能力，在疏散的同时尽可能控制火势，阻拦人员使用普通电梯，制止脱险者返回火场。

3. 火灾应急培训与教育

由于灭火主要是消防队员的职责，因此，火灾应急的培训与教育主要也是针对消防队员开展的。

（1）消防队员的级别划分。为了实现人力、物力资源的合理有效利用，在培训中，通常将消防队员划分级别，根据不同级别制定相应的培训要求。一般将消防队员划分为初级队员和高级队员，划分依据是他们掌握消防技能的差异。

1）初级消防队员：能处理火灾的初期阶段，会使用简易的灭火器，熟悉消防水系统的位置和使用。一般该级队员负责那些不需要防护服和呼吸防护设备就可以开展应急救援的火灾应急。

2）高级消防队员：除了掌握初级队员的技能外，还必须会处理更严重的火势情况以及执行营救受困人员等任务。

（2）基本培训要求。该培训要求是根据消防队员的不同级别和掌握技能差异而制定的，详细内容如下：

1）初级消防队员（每年至少进行一次培训）。应学习和掌握基本的消防知识和技能，包括了解火灾的类型、燃烧方式、引发原因，了解燃料的不同特性、在不同的火灾类型中燃料的燃烧状态及相应的应对措施等。能够操作简单的灭火器、水管及其他消防设施，理解火灾的四个等级（A、B、C、D）的分类依据和灭火中的特殊性：

①A 级火灾：涉及木头、纸张、橡胶和塑料制品的火灾。

②B 级火灾：涉及可燃性液体、油脂和气体的火灾。

③C 级火灾：涉及具有输电能力的电力设备的火灾。

④D 级火灾：涉及可燃性金属的火灾。

2）高级消防队员（每季度至少进行一次培训）。除了接受初级消防队员的所有培训要求以外，还必须学习如何正确操作更复杂的灭火设备，接受更先进的灭火装备的使用培训，如：了解各种喷水装置的特性和使用范围，了解各种能减弱火势的系统的使用等。另外，每一位队员都必须学习个人呼吸保护装置和防护服的使用，以保护自身的安全。

（3）危险化学品火灾应急培训要求。危险化学品火灾，由于着火物的特殊性决定了灭火工作相应的特殊要求，因此，化学品火灾应急的培训要求也就超过通常的消防操作的训练要求。

消防队员必须了解和掌握基本的化学知识以及化学品火灾灭火剂的使用注意事项等有关内容。具体包括：

1）了解化学品的特性，对于应急队员正确选择灭火剂和控制火灾措施具有重要的指导意义。例如，应急队员应该了解以下知识。

①当与水接触时，化学品是上浮还是下沉。

②水与所涉及的化学品是否发生化学反应。

③化学品的饱和蒸气压和沸点。

④碳氢化合物的燃烧热。

2）了解灭火剂的灭火原理以及如何防止蒸汽的产生、灭火剂混合物是否能被用来灭火、灭火剂的相容性、灭火剂与所涉及的化学品的相容性等知识。鉴于大多数化学物质会与水发生化学反应而无法在发生化学品火灾时采用水来灭火，因此通常情况下普遍采用泡沫灭火。所以有必要了解有关泡沫灭火的基本知识。

①灭火原理——泡沫覆盖在着火物质的表面，隔绝了空气，即断绝了燃烧中氧气的来源，从而使燃烧无法继续，达到灭火的目的。泡沫可以阻止蒸汽喷溅，冷却着火物质，降低蒸汽强度，在大多数可燃性或易燃性物质引发的火灾灭火中非常有效。

②成功使用泡沫灭火的关键在于了解泡沫的使用技术及对特殊燃料的特殊使用要求；了解泡沫灭火的适用范围和系统的正常操作；了解使泡沫达到最有效利用的有关技巧。

3）培训中还应加强应急队员环境意识的教育，掌握基本的环保知识，了解火灾中着火物质以及灭火剂的使用是否会对事故区域的地表水、地下水和饮用水造成污染，烟尘对大气的污染、对通信的影响程度等内容。

4. 针对不同水平应急人员的培训与教育

（1）普通员工。普通员工在应急救援行动中是被救援的主要对象，因此，普通员工应当掌握一定的应急知识，以便在应急行动中能很好地配合应急人员开展应急工作，不会造成妨碍作用。在应急培训中，要训练普通员工学习相关的自救、互救等生存技能，以及应急中的交际技能和团队精神。通常对普通员工应要求其掌握以下内容：

1）每个人在应急预案中的角色和所承担的责任。

2）知道如何获得有关危险和保护行为的信息。

3）紧急事件发生时，如何进行通报、警告和信息交流。

4）在紧急事件中寻找家人的联系方法。

5）面对紧急事件的响应程序。

6）疏散、避难并告之事实情况的程序。

7）寻找、使用公用应急设备。

（2）初级意识水平应急人员。该水平应急人员通常是处于能首先发现事故险情并及时报警的位置上的人员，例如保安、门卫、巡查人员等。对他们的要求包括：

1）确认危险物质并能识别危险物质的泄漏迹象。

2）了解所涉及的危险物质泄漏的潜在后果。

3）了解应急人员自身的作用和责任。

4）能确认必需的应急资源。

5）如果需要疏散，限制未经授权人员进入事故现场。

6）熟悉事故现场安全区域的划分。

7）了解基本的事故控制技术等。

（3）初级操作水平应急人员。该水平应急人员主要参与的是预防危险物质泄漏的操作，以及发生泄漏后的事故应急，其作用是有效阻止危险物质的泄漏，降低泄漏事故可能造成的影响。对他们的培训与教育要求包括：

1）掌握危险物质的辨识、确认、危险程度分级方法。

2）掌握基本的危险和风险评价技术。

3）学会正确选择和使用个人防护设备。

4）了解危险物质的基本术语以及特性。

5）掌握危险物质泄漏的基本控制操作。

6）掌握基本的危险物质清除程序。

7）熟悉应急计划的内容等。

（4）专业水平应急人员。该水平应急人员的培训与教育应根据有关指南要求来执行，达到或符合指南要求以后才能参与危险物质的事故应急。对其培训要求除了掌握上述应急人员的知识和技能外还包括：

1）保证事故现场的人员安全，防止不必要的伤亡出现。

2）执行应急行动计划。

3）识别、确认、证实危险物质。

4）了解应急救援系统各角色的功能和作用。

5）了解特殊化学品个人防护设备的选用和使用。

6）掌握危险和风险的评价技术。

7）了解先进的危险物质控制技术。

8）执行事故现场清除程序。

9）了解基本的化学、生物、放射学的术语和其表现形式等。

（5）专家水平应急人员。该水平的应急人员通常与专业水平应急人员一起对紧急情况做出应急处置，并向专业水平应急人员提供技术支持。因此要求该类专家所具有的关于危险物质的知识和信息必须比专业水平应急人员更广博、更精深。所以，专家必须接受足够的专业培训与教育，以使其具有相当高的应急水平和能力。

1）接受专业水平应急人员的所有培训与教育要求。

2）理解并参与应急救援系统的角色作用的分配。

3）掌握完善的危险和风险评价技术。

4）掌握危险物质的有效控制操作。

5）参加一般清除程序的制定与执行。

6）参加特别清除程序的制定与执行。

7）参加应急行动结束程序的执行。

8）掌握化学、生物、毒理学的术语与表示形式等。

（6）事故指挥水平应急人员。该水平应急人员主要负责的是对事故现场的控制并执行现场应急行动，协调应急队员之间的活动和通信联系。一般该水平的应急人员都具有相当丰富的事故应急和现场管理的经验，由于他们的责任重大，要求他们参加的培训与教育应更为全面和严格，以提高应急人员的素质，保证事故应急的顺利完成。通常，该类应急人员应该具备下列能力：

1）协调与指导所有的应急活动。

2）负责执行一个综合的应急计划。

3）对现场内外应急资源的合理调用。

4）提供管理和技术监督，协调后勤支持。

5）协调信息传媒和政府官员参与的应急工作。

6）提供事故后果的文本。

7）负责为向国家、省市、当地政府递交的事故报告的撰写提供指南。

8）负责提供事故总结等。

三、教育与培训的实施

应急预案编制完成以后，要使其在应急行动中得到有效的运用，充分发挥它的指导作用，还必须对应急人员进行一定的应急培训、宣传和教育。可以说，应急预案是行动框架，应急培训、宣传与教育是行动成功的前提和保证。

1. 制订应急培训与教育计划

（1）需求分析。制订培训与教育计划之前，首先要对应急救援系统各层次和岗位人员进行工作和任务分析，确定应急工作效果、缺陷与教育的必要性和应急工作的必要条件。培训与教育者应该系统辨识和分析实现高效应急响应的所有重要的工作岗位及其职能，以明确培训目标和培训后受训人员的培训效果。

（2）课程设计。针对不同的培训与教育对象，应急培训与教育课程应根据目标而制定。所有授课内容应以培训与教育目标作为主要决策基础。

国家应急指挥中心结合安全生产事故特点和应急管理工作需要，正分类制定培训与教育大纲、培训与教育教材和考核标准，科学规划各类人员培训与教育课程，明确培训与教育内容和标准，并组织编写适应不同类别人员需要和不同岗位工作要求的培训与教育教材。因此，应急培训与教育工作可根据培训与教育大纲、考核标准以及培训与教育教材，结合自身应急培训与教育的需求，有针对性地确定培训与教育课程。

（3）培训与教育方式。应急培训与教育的方式很多，如培训班、讲座、模拟、自学、小组受训和考试等，但以培训与教育授课的方式居多。

（4）培训与教育计划。根据缺陷与教育需求分析和确定的培训与教育课程等，应制订培训与教育计划。培训与教育计划应该详细说明培训与教育的目的、培训与教育的对象、培训与教育的课程/内容、培训与教育的师资、教学设施（例如，大楼、实验室、设备）和教学媒介、培训与教育时间等。一些应急培训可能在特定机构进行，如国家火灾科学重点实验室、武警培训学院、培训基地等。

2. 应急培训与教育实施

培训与教育者应按照制订的培训与教育计划，认真组织，精心安排，合理安排时间，充分利用不同方式开展安全生产应急培训与教育工作，使参与培训与教育的人员能够在良好的培训氛围中学习、掌握有关应急知识。

3. 应急培训与教育效果评价和改进

应急培训与教育完成后，应尽可能进行考核。考核方式可以是考试、口头提问、实际操作等，以便对培训与教育的效果进行评价，确保达到预期的培训与教育目的。通过培训与教育人员的考核情况及与其交流等，如果发现培训与教育中存在一些问题，如培训与教育的内容不合适、课时安排不恰当、培训与教育的方式需改进等，培训者要认真进行总结，采取措施避免这些问题在以后的培训与教育工作中再次发生，以提高培训与教育的工作质量，真正达到应急培训与教育的目的。

第二节　应急演练

一、应急演练的目的和要求

1. 应急演练的目的

应急演练是我国各类事故及灾害应急准备过程中的一项重要工作，多部法律、法规及规章对此都有相应的规定，如《消防法》《危险化学品安全管理条例》《矿山安全法实施条例》《使用有毒物品作业场所劳动保护条例》《核电厂核事故应急条例》《突发公共卫生事件应急条例》等规定有关企业和行政部门应针对火灾、化学事故、矿山灾害、职业中毒、二核事故或突发性公共卫生事件定期开展应急演练。

应急演练目的是通过培训、评估、改进等手段提高保护人民群众生命财产安全和环境的综合应急能力，说明应急预案的各部分或整体是否能有效地付诸实施，验证应急预案应急可能出现的各种紧急情况的适应性，找出应急准备工作中可能需要改善的地方，确保建立和保持可靠的通信渠道及应急人员的协同性，确保所有应急组织都熟悉并能够履行他们的职责，找出需要改善的潜在问题。

2. 应急演练的要求

应急演练的类型有多种，不同类型的应急演练虽有不同特点，但在策划演练内容、演练情景、演练频次、演练评价方法等方面的共同性要求包括以下几方面：

（1）应急演练必须遵守相关法律、法规、标准和应急预案规定。

（2）领导重视、科学计划。开展应急演练工作必须得到有关领导的重视，给予财政等相应支持，必要时有关领导应参与演练过程并扮演与其职责相当的角色。应急演练必须事先确定演练目标，演练策划人员应对演练内容、情景等事项进行精心策划。

（3）结合实际、突出重点。应急演练应结合当地可能发生的危险源特点、潜在事故类型、可能发生事故的地点和气象条件及应急准备工作的实际情况进行。演练应重点解决应急过程中组织指挥和协同配合问题，解决应急准备工作的不足，以提高应急行动的整体效能。

（4）周密组织、统一指挥。演练策划人员必须制定并落实保证演练达到目标的具体措施，各项演练活动应在统一指挥下实施，参演人员要严守演练现场规则，确保演练过程的安全。演练不得影响生产经营单位的安全正常运行，不得使各类人员承受不必要的风险。

（5）由浅入深、分步实施。应急演练应遵循由下而上、先分后合、分步实施的原则，综合性的应急演练应以若干次分练为基础。

（6）讲究实效、注重质量。应急演练指导机构应精干，工作程序要简明，各类演练文件要实用，避免一切形式主义的安排，以取得实效为检验演练质量的唯一标准。

（7）应急演练原则上应避免惊动公众，如必须卷入有限数量的公众，则应在公众教育得到普及、条件比较成熟时进行。

二、应急演练的目标和任务

1. 应急演练的目标

应急演练目标是指检查演练效果，评价应急组织、人员的应急准备状态和能力的指标。下述十八项演练目标基本涵盖重大事故应急准备过程中，应急机构、组织和人员应展示出的各种能力。在设计演练方案时应围绕这些演练目标展开。

（1）应急动员。展示通知应急组织、动员应急响应人员的能力。本目标要求责任方应具备在各种情况下警告、通知和动员应急响应人员的能力，以及启动应急设施和为应急设施调配人员的能力。责任方既要采取系列举措，向应急响应人员发出警报，通知或动员有关应急响应人员各就各位，还要及时启动应急指挥中心和其他应急支持设施，使相关应急设施从正常运转状态进入紧急运转状态。

（2）指挥和控制。展示指挥、协调和控制应急响应活动的能力。本目标要求责任方应具备应急过程中控制所有响应行动的能力。事故现场指挥人员、应急指挥中心指挥人员和应急组织、行动小组负责人员都应按应急预案要求，建立事故指挥系统，展示指挥和控制应急响应行动的能力。

（3）事态评估。展示获取事故信息、识别事故原因和致害物、判断事故影响范围及其潜在危险的能力，本目标要求应急组织具备主动评估事故危险性的能力。即应急组织应具备以下能力：通过各种方式和渠道，积极收集、获取事故信息，评估、调查人员伤亡和财产损失、现场危险性以及危险品泄漏等有关情况的能力；根据所获取的信息，判断事故影响范围，以及对居民和环境的中长期危害的能力；确定进一步调查所需资源的能力；及时通知国家、省及其他应急组织的能力。

（4）资源管理。展示动员和管理应急响应行动所需资源的能力。本目标要求应急组织具备根据事态评估结果识别应急资源需求的能力，以及动员和整合内外部应急资源的能力。

（5）通信。展示与所有应急响应地点、应急组织和应急响应人员有效通信交流的能力。本目标要求应急组织建立可靠的主通信系统和备用通信系统，以便与有关岗位的关键人员保持联系。应急组织的通信能力应与应急预案中的要求相一致。通信能力的展示主要体现在通信系统及其执行程序的有效性和可操作性方面。

（6）应急设施、装备和信息显示。展示应急设施、装备、地图、显示器材及其他应急支持资料的准备情况。本目标要求应急组织具备足够的应急设施，且应急设施内装备、地图、显示器材和应急支持资料的准备与管理状况能满足支持应急响应活动的需要。

（7）警报与紧急公告。展示向公众发出警报和宣传保护措施的能力。本目标要求应急组织具备按照应急预案中的规定，迅速完成向一定区域内公众发布应急防护措施命令和信息的能力。

（8）公共信息。展示及时向媒体和公众发布准确信息的能力。本目标要求责任方具备向公众发布确切信息和行动命令的能力，即责任方应具备：协调其他应急组织，确定信息发布内容的能力；及时通过媒体发布准确信息，确保公众能及时了解准确、完整和通俗易懂信息的能力；控制谣言，澄清不实传言的能力。

（9）公众保护措施。展示根据危险性质制定并采取公众保护措施的能力。本目标要求责任方具备根据事态发展和危险性质选择并实施恰当公众保护措施的能力，包括选择并实施学生、残障人员等特殊人群保护措施的能力。

（10）应急响应人员安全。展示监测、控制应急响应人员面临的危险的能力。本目标要求应急组织具备保护应急响应人员安全和健康的能力，主要强调应急区域划分、个体保护装备配备、事态评估机制与通信活动的管理。

（11）交通管制。展示控制交通流量、控制疏散区和安置区交通出入口的组织能力和资源。本目标要求责任方具备管制疏散区域交通道口的能力，主要强调交通控制点设置、执法人员配备和路障清除等活动的管理。

（12）人员登记、隔离与去污。通过人员登记、隔离与消毒过程，展示监控与控制紧急情况的能力。本目标要求应急组织具备在适当地点（如接待中心）对疏散人员进行污染监测、去污和登记的能力，主要强调与污染监测、去污和登记活动相关的执行程序、设施、设备和人员情况。

（13）人员安置。展示收容被疏散人员的程序、安置设施和装备以及服务人员的准备情况。本目标要求应急组织具备在适当地点建立人员安置中心的能力，人员安置中心一般设在学校、公园、体育场馆及其他建筑设施中，要求可提供生活必备条件，如避难所、食品、厕所、医疗与健康服务等。

（14）紧急医疗服务。展示有关转运伤员的工作程序、交通工具、设施和服务人员的准备情况，以及展示医护人员、医疗设施的准备情况。本目标要求应急组织具备将伤病人员运往医疗机构的能力和为伤病人员提供医疗服务的能力。转运伤病人员既要求应急组织具备相应的交通运输能力，也要求具备确定伤病人员运往何处的决策能力。医疗服务主要是指医疗人员接收伤病人员的所有响应行动。

（15）24 小时不间断应急。展示保持 24 小时不间断的应急响应能力。本目标要求应急组织在应急过程中具备保持 24 小时不间断运行的能力。重大事故应急过程可能需坚持 1 日以上的时间，一些关键应急职能需维持 24 小时的不间断运行，因而责任方应能安排两班人员轮班工作，并周密安排接班过程，确保应急过程的持续性。

（16）增援（国家、省及其他地区）。展示识别外部增援需求的能力和向国家、省及其他地区的应急组织提出外部增援要求的能力。本目标要求应急组织具备向国家、省及其他地区请求增援，并向外部增援机构提供资源支持的能力。主要强调责任方应及时识别增援需求、提出增援请求和向增援机构提供支持等活动。

（17）事故控制与现场恢复。展示采取有效措施控制事故发展和恢复现场的能力。本目标要求应急组织具备采取针对性措施，有效控制事故发展和清理、恢复现场的能力。事故控制是指应急组织应及时扑灭火源或遏制危险品溢漏等不安全因素，以避免事态进一步恶化。现场恢复是指应急组织为保护居民的安全健康，在应急响应后期采取的一系列活动，如：清理现场污染物，恢复主要生活服务设施，制定并实施人员重入、返回与避迁措施等。

（18）文件化与调查。展示为事故及其应急响应过程提供文件资料的能力。本目标要求应急组织具备根据事故及其应急响应过程中的记录、日志等文件资料调查分析事故原因并提出应急不足改进建议的能力。从事故发生到应急响应过程基本结束，参与应急的各类应急组织应按有关法律法规和应急预案中的规定，执行记录保存、报告编写等工作程序和制度，保存与事故相关的记录、日志及报告等文件资料，供事故调查及应急响应分析使用。

2. 应急演练的任务

城市开展的应急演练过程可划分为演练准备、演练实施和演练总结三个阶段。应急演练是由多个组织共同参与的一系列行为和活动，按照应急演练的三个阶段，可将演练前后应予完成的内容和活动分解并整理成二十项单独的基本任务。

（1）确定演练日期。

（2）确定演练目标和演示范围。

（3）编写演练方案。

（4）确定演练现场规则。

（5）指定评价人员。

（6）安排后勤工作。

（7）准备和分发评价人员工作文件。

（8）培训评价人员。

（9）讲解演练方案与演练活动。

（10）记录应急组织演练表现。

（11）评价人员访谈演练参与人员。

（12）汇报与协商。

（13）编写书面评价报告。

（14）演练人员自我评价。

（15）举行公开会议。

(16) 通报不足项。

(17) 编写演练总结报告。

(18) 评价和报告不足项补救措施。

(19) 追踪整改项的纠正。

(20) 追踪演练目标演示情况。

三、应急演练的分类

每一次演练并不要求展示上述所有目标的符合情况，也不要求所有应急组织全面参与演练的各类活动，但为检验和评价事故应急能力，应在一段时间内对上述的十八项应急演练目标进行全面的演练。

1. 根据应急演练的规模分类

可分为以下三类：

(1) 单项演练。为了熟练掌握应急操作或完成某种特定任务所需的技能而进行的演练。如：通信联络程序演练、人员集中清点、应急装备（物资）到位演练、医疗救护行动演练等。

(2) 组合演练。为了检查或提高应急组织之间及其与外部组织之间的相互协调性而进行的演练。如：毒物监测与消毒去污之间的衔接演练，应急药物发放与周边群众撤离演练，扑灭火灾与堵漏、关闭阀门演练等。

(3) 综合演练。应急预案内规定的所有任务单位或其中绝大多数单位参加的为全面检查预案可执行性而进行的演练。此类演练较前两类演练更为复杂，需要更长的准备时间。

2. 根据应急演练的形式分类

可分为桌面演练、功能演练和全面演练。

(1) 桌面演练。指由应急组织的代表或关键岗位人员参加的，按照应急预案及其标准运作程序，讨论紧急事件时应采取行动的演练活动。桌面演练的主要特点是对演练情景进行口头演练，一般是在会议室内举行非正式的活动。主要作用是在没有压力的情况下，演练人员在检查和解决应急预案中问题的同时，获得一些建设性的讨论结果。主要目的是在友好、较小压力的情况下，锻炼演练人员解决问题的能力，以及解决应急组织相互协作和职责划分的问题。

桌面演练只需展示有限的应急响应和内部协调活动，应急响应人员主要来自本地应急组织，事后一般采取口头评论的形式收集演练人员的建议，并提交一份简短的书面报告，总结演练活动和提出有关改进应急响应工作的建议。桌面演练方法成本较低，主要用于为功能演练和全面演练做准备。

（2）功能演练。指针对某项应急响应功能或其中某些应急响应活动举行的演练活动。功能演练一般在应急指挥中心举行，并可同时开展现场演练，调用有限的应急设备。主要目的是针对应急响应功能，检验应急响应人员以及应急管理体系的策划和响应能力。例如，指挥和控制功能的演练，目的是检测、评价多个政府部门在一定压力情况下集权式的应急运行和及时响应能力，演练地点主要集中在若干个应急指挥中心或现场指挥所举行，并开展有限的现场活动，调用有限的外部资源。外部资源的调用范围和规模应能满足响应模拟紧急事件时的指挥和控制要求。又如，针对交通运输活动的演练，目的是检验地方应急响应官员建立现场指挥所、协调现场应急响应人员和交通运载工具的能力。

功能演练比桌面演练规模要大，需动员更多的应急响应人员和组织。必要时，还可要求国家级应急响应机构参与演练过程，为演练方案设计、协调和评估工作提供技术支持，因而协调工作的难度也随着更多应急响应组织的参与而增大。功能演练所需的评估人员一般为4～12人，具体数量依据演练地点、社区规模、现有资源和演练功能的数量而定。演练完成后，除采取口头评论形式外，还应向地方提交有关演练活动的书面汇报，提出改进建议。

（3）全面演练。指针对应急预案中全部或大部分应急响应功能，检验、评价应急组织应急运行能力的演练活动。全面演练一般要求持续几个小时，采取交互式方式进行，演练过程要求尽量真实，调用更多的应急响应人员和资源，并开展人员、设备及其他资源的实战性演练，以展示相互协调的应急响应能力。

与功能演练类似，全面演练也少不了负责应急运行、协调和政策拟订人员的参与，以及国家级应急组织人员在演练方案设计、协调和评估工作中提供的技术支持。但在全面演练过程中，这些人员或组织的演示范围要比功能演练更广。全面演练一般需 10～50 名评价人员。演练完成后，除采取口头评论、书面汇报外，还应提交正式的书面报告。

四、应急演练的准备

1. 演练策划小组

应急演练是一项非常复杂的综合性工作，为确保演练成功，演练组织单位应建立应急演练策划小组。策划小组应由多种专业人员组成，包括来自消防、公安、医疗急救、应急管理、市政、学校、气象部门的人员，以及新闻媒体、企业、交通运输单位的代表等，必要时，军队、核事故应急组织或机构也可派出人员参与应急演练策划小组的工作。

2. 选择演练目标与演示范围

演练策划小组应事先确定本次应急演练的一组目标，并确定相应的演示范围或演示水平。

（1）选择演练目标。策划小组应在演练需求分析的基础上选择演练目标。演练需求分析是指在评价以往重大事故和演练案例的基础上，分析本次演练需重点解决的问题、需检验的应急响应功能和演练的地理范围。

（2）确定演练目标的责任方。策划小组应依据城市重大突发事故应急预案和应急响应程序，确定对各项演练目标负责的应急组织，即责任方。由于在应急预案或其执行程序中可能将多项应急响应功能分配给多个应急组织负责，因此，策划小组确认各演练目标的责任方时，应不仅分析演练目标，同时还应针对具体的应急响应功能进行分析。

（3）签订演示协议。演示范围（或演示水平）是指对演练事件承担某项职责的应急组织响应演练事件的行动与响应实际紧急事件的行动之间的一致程度。演练时，应急响应行动可以通过两种方式表现：一种是参与演练的应急组织按照实际紧急事件发生时应采取的行动而行动；另一种是通过模拟行动表现出来。与此相对应，应急组织参与演练可分为两类：全面参与和部分参与。全面参与指应急组织必须展示应急预案或执行程序中规定的所有应急响应能力，包括该组织应急设施内部的演练活动和现场（外部）的演练活动；部分参与指应急组织仅在该组织应急设施内部实施各项演练活动，而现场演练活动则通过模拟行动表现。

在开展重大事故全面应急演练时，并不一定要求与演练目标相关的应急组织全部参与，也不要求参与演练的应急组织全面参与。应急组织是选择全面参与还是部分参与主要取决于该组织是否是该次演练的培训对象和评价对象。如果不是，则该组织可以采取部分参与方式，其现场演练活动由控制人员或模拟人员以模拟方式完成。为确保演练成功进行，策划小组应与所有希望通过模拟行动展示演练目标的应急组织签订书面演示协议，规范演示范围，说明允许该组织展示应急演练目标时可采取的模拟行动。

3. **编写演练方案**

演练方案应以演练情景设计为基础。演练情景是指对假想事故按其发生过程进行叙述性的说明，情景设计就是针对假想事故的发展过程，设计出一系列的情景事件，包括重大事件和次级事件，目的是通过引入这些需要应急组织做出相应响应行动的事件，刺激演练不断进行，从而全面检验演练目标。演练情景中必须说明何时、何地、发生何种事故、被影响区域、气象条件等事项，即必须说明事故情景。演练人员在演练中的一切对策活动及应急行动，主要针对假想事故及其变化而产生的，事故情景的作用在于为演练人员的演练活动提供初始条件并说明初始事件的有关情况。事故情景可通过情景说明书加以描述，并以控制消息形式通过电话、无线通信、传真、手工传递或口头传达等传递方式通知演练人员。

（1）演练方案的内容。演练方案主要包括情景说明书、演练计划、评价计划、情景事件总清单、演练控制指南、演练人员手册和通信录等演练文件。

1）情景说明书。情景说明书的主要作用是描述事故情景，为演练人员的演练活动提供初始条件和初始事件。情景说明书主要以口头、书面、广播、视频或其他音频方式向演练人员说明。

2）演练计划。演练的目的在于检验和提高应急组织的总体应急响应能力，使应急响应人员将已经获得的知识和技能与应急实际相结合。为确保演练成功，策划小组应事先制订演练计划。

3）评价计划。评价计划是对演练计划中的演练目标、评价准则及评价方法的扩展。内容主要是对演练目标、评价准则、评价工具及资料、评价程序、评价策略、评价组组成以及评价人员在演练准备、实施和总结阶段的职责和任务的详细说明。

4）情景事件总清单。情景事件总清单是指演练过程中需引入情景事件（包括重大事件或次级事件）按时间顺序的列表，其内容主要包括情景事件及其控制消息和期望行动，以及传递控制消息的时间或时机。情景事件总清单主要供控制人员管理演练过程使用，其目的是确保控制人员了解情景事件应何时发生、应何时输入控制消息等信息。

5）演练控制指南。演练控制指南是指有关演练控制、模拟和保障等活动的工作程序和职责的说明。该指南主要供控制人员和模拟人员使用，其用途是向控制人员和模拟人员解释与他们相关的演练思想，制定演练控制和模拟活动的基本原则，建立或说明支持演练控制和模拟活动顺利进行的通信联系、后勤保障和行政管理机构等事项。

6）演练人员手册。演练人员手册是指向演练人员提供的有关演练具体信息、程序的说明文件。演练人员手册中所包含的信息均是演练人员应当了解的信息，但不包括应对其保密的信息，如情景事件等。

7）通信录。通信录是指记录关键演练人员通信联络方式及其所在位置等信息的文件。

（2）注意事项。编写演练方案或设计演练情景时，要注意以下几点：

1）应将演练参与人员、公众的安全放在首位。

2）演练策划人员必须熟悉演练地点及周围有关情况。

3）设计演练情景时应尽可能结合实际情况，具有一定的真实性。

4）情景事件的时间尺度可以与真实事故的时间尺度相一致。

5）设计演练情景时应详细说明气象条件，如果可能，应使用当时当地的气象条件，必要时也可根据演练需要假设气象条件。

6）应慎重考虑公众卷入的问题，避免引起公众恐慌。

7）应考虑通信故障问题，以检测备用通信系统。

8）应对演练顺利进行所需的支持条件加以说明。

9）演练情景中不得包含任何可降低系统或设备实际性能，影响真实紧急事件检测和评估结果，减损真实紧急事件响应能力的行动或情景。

4. 制定演练现场规则

演练现场规则是指为确保演练安全而制定的对有关演练和演练控制、参与人员职责、实际紧急事件、法规符合性、演练结束程序等事项的规定或要求。演练安全既包括演练参与人员的安全，也包括公众和环境的安全。确保演练安全是演练策划过程中的一项极其重要的工作，策划小组应制定演练现场规则。

5. 培训评价人员

策划小组应确定演练所需评价人员的数量和应具备的专业技能，指定评价人员，分配各自所负责评价的应急组织和演练目标。评价人员应来自城市重大事故应急管理部门或相关组织及单位，对应急演练和演练评价工作有一定的了解，并具备较好的语言和文字表达能力，必要的组织和分析能力，以及处理敏感事务的行政管理能力。此外，评价人员还应具备团队意识、客观、坚韧、思维敏捷、诚实等个人品质。评价人员的数量根据应急演练的规模和类型而定，对于参演应急组织、演练地点和演练目标较少的演练，评价人员数量需求也较少；反之对于参演应急组织、演练地点和演练目标较多的演练，评价人员数量也随之增加。

评价人员必须十分熟悉演练目标、评价准则、演示范围，以及演练评价程序与评价方法。因此，演练前，策划小组应专门为评价人员提供培训机会。

五、应急训练和演练的实施

应急演练实施阶段是指从宣布初始事件起到演练结束的整个过程。虽然应急演练的类型、规模、持续时间、演练情景、演练目标等有所不同，但演练过程应包括以下基本内容：

1. 演练控制

演练过程中参演应急组织和人员应尽可能按实际紧急事件发生时的响应要求进行演示，即“自由演示”，由参演应急组织和人员根据自己关于最佳解决办法的理解，对情景事件做出响应行动。策划小组或演练活动负责人的作用主要是宣布演练开始和结束，以及解决演练过程中的矛盾。控制人员的作用主要是向演练人员传递控制消息，提醒演练人员终止对情景演练具有负面影响或超出演示范围的行动，提醒演练人员采取必要行动以正确展示所有演练目标，终止演练人员不安全的行为，延迟或终止情景事件的演练。

演练过程中参演应急组织和人员应遵守当地相关的法律法规和演练现场规则，确保演练安全进行，如果演练偏离正确方向，控制人员可以采取“刺激行动”以纠正错误。“刺激行动”包括终止演练过程，使用“刺激行动”时应尽可能平缓，以诱导方法纠偏，只有对背离演练目标的“自由演示”才使用强刺激的方法使其中断反应。

2. 演练实施要点

为充分发挥演练在检验和评价城市应急能力方面的重要作用，演练策划人员、参演应急组织和人员针对不同应急功能演练时，应注意以下演练实施要点：

（1）早期通报

1）检验有关方面发现重大事故发生并宣布紧急状态的能力。

2）联系国家相关灾种应急救援指挥机构与当地应急组织。

3）通知所有应急响应单位和个人。

（2）指挥与控制

1）明确事发单位与场外政府官员在早期应急响应过程中的职责。

2）实施事故指挥系统。

3）确保相关官员承担应急演练过程的指挥任务。

4）力争所有部门、组织参与应急演练。

5）24 小时不间断演练与关键岗位人员轮班。

6）启动现场指挥所与应急运行中心。

（3）通信

1）启用通信系统及备用通信系统。

2）保存所有通信信息。

（4）警报与紧急公告

1）确定演练日期。

2）起草紧急广播消息。

3）选择警报发布系统。

4）沿路发布警报。

5）发布公告。

（5）公共信息与社区关系

1）处理与媒体的关系。

2）协调公共信息发布活动。

3）正确使用“市民热线”。

4）任命负责公共信息与社区关系的专职官员。

5）公共信息与新闻发布。

（6）资源管理

1）确认应急所需的资源。

2）保存所有资源请求的记录。

（7）卫生与医疗服务

1）防止污染救护设施和救护人员。

2）如实拨打卫生与医疗服务机构求助电话。

3）判断医疗机构是否了解诊断与治疗方法。

4）提供医疗救护信息。

5）伤员分级。

6）保护医护人员。

（8）应急响应人员安全

1）遵守相关法律法规。

2）检验应急响应人员是否了解所面临的危险。

3）分发保护装备。

4）个体剂量监测与净化。

5）建立应急响应人员紧急疏散警报系统。

6）检查应急响应行动进展情况。

7）监督应急响应过程中现场设备和材料的使用。

(9) 公众保护措施

1) 检验地方应急响应人员解决问题的能力。

2) 公众保护措施。

(10) 火灾与搜救

1) 制定救援程序。

2) 救援。

(11) 执法

1) 保障执法人员的安全。

2) 通知执法人员有关信息。

(12) 事态评估

1) 保障事态评估工作所需物资。

2) 分配事态评估任务。

3) 确认事态评估人员。

4) 事态评估。

(13) 人道主义服务

1) 吸引志愿人员参与演练。

2) 检验人道主义服务机构的工作能力。

(14) 市政工程

3. 各类演练的实施程序和特点

所有计划和制定演练的目标是它的实施。实施是提供开始、发展和结束训练的指南和技术，它将尽力确定一些我们面临的问题和解决办法。对于各类演练来说，在实施中都有各自的程序和特点。

(1) 桌面演练的实施。桌面演练的复杂性、范围和真实程度变化很大。实际桌面演练只有两种：基本和高级的。基本桌面演练是在定向演练中通过小组讨论解决基本问题。桌面演练有较多的时间，进行的方式包括介绍目的、范围和管理规章，然后由演练控制者介绍场景叙述。场景是讨论计划条款和程序的起点，应该详细包括特定位置、严重程度和其他相关问题。演练控制者必须控制讨论流向以确保达到演练目标。在所有目标达到后，基本桌面演练结束。如果没有在允许的时间内达到所有目标，演练控制者要决定延迟继续演练或简单结束演练。

高级桌面演练使用与基本演练相同的技术。可是，高级桌面演练把引起一系列问题的另外要素加入到场景叙述的基本问题中。高级桌面演练以简单场景叙述开始，可是，当讨论继续时，演练控制者会介绍一系列相关问题或事件，要求参加者讨论每个问题的解决办法。桌面演练的重要特点是：

1）高级桌面演练要求编制和使用事件顺序单。

2）通过信息把事件介绍给参加者。

3）介绍所有参加者的信息，进行自由公开讨论或由特定人员指导。如果信息指向某人，该人要概括出反应或解决的办法，由其他参加者引发讨论。

4）演练控制者负责检测讨论导向，使所有信息在预定时间内介绍，他们被介绍的顺序可能要改变，以符合交谈连贯背景。

关于基本桌面演练的一般意见也可用于高级桌面演练。当所有问题的解决令演练控制者满意，演练就完成了。

高级桌面演练要求准备地图、胶片、相片等，以协助进行演练。由于在教室环境和非现场内进行演练，显示材料极有价值。

（2）功能演练和全面演练的实施。功能演练和全面演练使用的方法基本上是相同的，只是在范围和复杂程度上有所区别。两种演练类型都具有最高的真实度，都包括许多反应任务的实际效果，演练在真实紧急发生相同的场所进行，都不同于定向和桌面演练的方式。

桌面演练与功能/全面演练的重要区别是前者有宣布开始时间和日期，后者有时不通知参加者确切的演练功能和全面演练的时间表。这种“非注意”型演练是合适的，演练目标是检测报警和通知程序，没有突然性，就不可能知道参加者是否向非预期通知做出反应。

重要的是在非注意演练中，参加者应在开始前准备演练目标和细节。演练的成功依赖于参加者清楚地了解他们的期望。这可以在演练介绍中完成，有时在演练前一星期进行。演练介绍应该包括以下信息：

1）演练时间多长。

2）参加者有谁。

3）安全措施。

4）报告/记录程序。

因为考虑到参加者会特意准备，所以关于演练场景的细节不应该给他们。管理细节，如厕所位置、午饭时间等应该书面给出。

开始功能/全面演练的方法可能随演练目标而变化。可是由于功能演练和全面演练大多数把测试通知/报警系统作为目标，一般当演练控制者介绍最初模拟开始，参加者才发现紧急状况。不像定向和桌面演练，在开始演练前的预定时间，参加者集结在一个预定位置。功能/全面演练的参加者一直到首次信息发布后才做出反应。换句话说，他们会继续正常活动直到他们接到演练开始的通知。例如，消防反应人员可能不做出反应直到听到消防报警。为避免混乱和恐慌，所有演练信息，特别是最初报警，应该以说明“这是…演练”开始和结束。如果使用报警系统，应该用公共发布系统来宣布演练。根据演练的目标和范围，有几种介绍开始演练信息的方法。如果演练不包括真实应急中最初的反应活动，在最初信息或问题之后，演练控制者会使用场景叙述来报告参加者演练的目前状态。

为得到最高真实程度，要求演练参加者正常执行反应任务。例如，执行需要使用消防带的消防任务是不实际的，因为消防水会引起破坏，可是，参加者应该被要求布置消防带和完成其他任务，但不能放水。

一旦开始演练，演练控制者有责任保证演练在轨道内以平稳速度进行。演练控制者面临的另一个问题是：在功能演练及全面演练中，在实际应急中对于很长时间的任务，必须在压缩后的演练时间表内完成。例如，一般要花几个小时或更长时间来控制一个大型建筑火灾，在演练时这要减少到几分钟内完成。并且，在最初反应活动完成后，控制者应该停止演练，简单向所有参加者说明假定几个小时以后，火被扑灭。

功能演练及全面演练中，一般当所有演练目标达到时（事件顺序单预期行动完成）或当计划时期到期才结束。因为日程设定有问题或其他原因重新安排演练是不实际的。因而演练控制者必须保证演练在日程安排表内或在演练前做必要的调整。

六、应急演练的评价与总结

1. 应急演练的评价

演练评价是指观察和记录演练活动、比较演练人员表现与演练目标要求并提出演练发现的过程。演练评价的目的是确定演练是否达到演练目标要求，检验各应急组织指挥人员及应急响应人员完成任务的能力。要全面、正确地评价演练效果，必须在演练覆盖区域的关键地点和各参演应急组织的关键岗位上，派驻公正的评价人员。评价人员的作用主要是观察演练的进程，记录演练人员采取的每一项关键行动及其实施时间，访谈演练人员，要求参演应急组织提供文字材料，评价参演应急组织和演练人员表现并反馈演练发现。

演练发现是指通过演练评价过程，发现应急救援体系、应急预案、应急执行程序或应急组织中存在的问题。按对人员生命安全的影响程度将演练发现划分为三个等级，从高到低分别为不足项、整改项和改进项。

（1）不足项。不足项是指演练过程中观察或识别出的，可能使应急准备工作不完备，从而导致在紧急事件发生时不能确保应急组织采取合理应对措施保护人员安全的应急准备缺陷。不足项应在规定的时间内予以纠正。演练发现确定为不足项时，策划小组负责人应对该不足项详细说明，并给出纠正措施和完成时限。根据美国联邦应急管理署研究成果，最后可能导致不足项的应急预案编制要素包括职责分配、应急资源、警报、通报方法与程序、通信、事态评估、公共教育和信息、保护措施、应急响应人员安全和紧急医疗服务。

（2）整改项。整改项是指演练过程中观察或识别出的，单独并不可能对公众安全健康造成不良影响的不完备。整改项应在下次演练时予以纠正。以下两种情况下，整改项可列为不足项：

1）某个应急组织中存在两个以上整改项，共同作用可妨碍为公众生命安全健康提供足够的保护。

2）某个应急组织在多次（两次以上）演练过程中，反复出现前次演练识别出的整改项。

（3）改进项。改进项是指应急准备过程中应予以改善的问题。改进项不同于不足项和整改项，一般不会对人员生命安全健康产生严重影响，因此，不必要求对其予以纠正。

2. 应急演练总结与追踪

演练结束后，进行总结与讲评是全面评价演练是否达到演练目标、应急准备水平是否需要改进的一个重要步骤，也是演练人员进行自我评价的机会。演练总结与讲评可以通过访谈、汇报、协商、自我评价、公开会议和通报等形式完成。演练总结应包括以下内容：

（1）演练背景。

（2）参与演练的部门和单位。

（3）演练方法和演练目标。

（4）演练情景与演练方案。

（5）演练过程的全面评价。

（6）演练过程发现的问题和整改措施。

（7）对应急预案和有关程序的改进建议。

（8）对应急设备、设施维护与更新的建议。

(9) 对应急组织、应急响应人员能力和培训的建议。

追踪是指策划小组在演练总结与讲评过程结束之后，安排人员督促相关应急组织继续解决其中尚待解决的问题或事项的活动。为确保参演应急组织能从演练中取得最大益处，策划小组应对演练发现进行充分研究，确定导致该问题的根本原因、纠正方法和纠正措施完成时间，并指定专人负责对演练发现中的不足项和整改项的纠正过程实施追踪，监督检查纠正措施进展情况。

第五章

应急响应工作

第一节　应急响应的步骤和基本任务

一、应急响应分级

应急救援系统根据紧急事件的性质、严重程度、事态发展趋势实行分级响应机制，针对不同的响应级别确定相应的紧急事件通报范围、应急机构启动程度、应急力量的出动和设备及物资的调集规模、疏散范围以及应急总指挥的职位。

事故应急救援行动的响应要求实行分级响应原则：

Ⅰ级应急响应行动由安全监管总局组织实施。Ⅰ级应急响应行动时，事发地各级人民政府按照相应的应急预案全力组织救援。

Ⅱ级及以下应急响应行动的组织实施由省级人民政府决定。地方各级人民政府根据事故灾难或险情的严重程度启动相应的应急预案，超出本级应急救援处置能力时，及时报请上一级应急救援指挥机构实施救援。省级人民政府Ⅱ级应急响应时，调度统计司立即报告安全监管总局分管领导，通知安全监管总局有关部门负责人进行应急准备。

二、应急响应的步骤

1. 预警

按照冶金企业事故的严重性、紧急程度和可能波及的范围，突发冶金企业事故的预警分为四级，特别重大（Ⅰ级）、重大（Ⅱ级）、较大（Ⅲ级）、一般（Ⅳ级），依次用红色、橙色、黄色、蓝色表示。根据事态的发展情况和采取措施的效果，预警级别可以升级、降级或解除。

蓝色预警由县级人民政府发布。

黄色预警由市（地）级人民政府发布。

橙色预警由省级人民政府发布。

红色预警由事发地省级人民政府根据国务院授权发布。

当事故可能影响到企业内其他人员甚至周边企业或居民区时，应及时启动警报系统，向公众发出警报，同时通过各种途径向公众发出紧急公告，告知事故性质、对健康的影响、自我保护措施、注意事项等，以保证公众能够及时做出自我防护响应。决定实施疏散时，应通过紧急公告确保公众了解疏散的有关信息，如疏散时间、路线、随身携带物、交通工具及目的地等。预警和警报系统应满足以下要求：

（1）在发生紧急事故时，明确如何向公众发出警报，包括发出警报的责任人、时间及使用的警报设备。

（2）各种警报信号的不同含义，如有毒物质泄漏用什么信号，火灾用什么信号等。

（3）根据危险分析，制定关于何时进行公众疏散或是安全避难的指南。

（4）根据事故性质、气象条件、地形和原有逃生路线提出疏散的最佳路线。

（5）事先告知公众存在的危险事故、应采取的措施及疏散路线。

警报和紧急公告应实现规定出不同事故或危险的警报信号，在企业内部警报一般使用警笛，以便让公众听到警报后知道该采取什么行动。但用警笛向周边公众发警报效果就会较差，紧急广播系统与警笛报警结合使用效果会更好。紧急广播系统能发射无线电和电视信号，信息内容应尽可能简明，告诉公众该如何采取行动。

2. 启动应急预案

在发出预警和警报的同时，应急响应人员还要根据事故的严重程度、影响范围，启动应急预案。应急预案的启动分为企业级应急预案、地方级应急预案、国家级应急预案三个级别。各级预案应急响应人员根据事故的实际情况分别启动各级应急预案。

冶金企业应急工作坚持属地为主的原则。地方各级人民政府按照有关规定负责本辖区内冶金企业的应急工作，上级冶金企业主管部门及有关部门根据情况给予协调指导。

（1）根据冶金企业事件发生的特点，合理确定应急防范的范围。应急防范的范围并不是越大越好，范围大当然会起到更好的保护作用，但也会造成巨额成本损失。

（2）根据冶金企业事件大小，合理确定应急队伍及装备、设施。应急处置并不是越多越好，相反，只要人员精干，组织得当，方法正确，往往会起到事半功倍的效果。

（3）根据冶金企业事件的紧急程度，合理确定处理危机事件所需要的响应时间及处理时间，要求相应的应急管理在规定的时间内完成。

3. 成立应急指挥部

（1）地方冶金企业事故应急指挥部。地方冶金企业事故应急指挥部是冶金企业事故的领导机构。指挥部一般由县级以上人民政府主要领导担任总指挥，成员由各相关地方人民政府、政府有关部门、企业负责人及专家组成。主要负责冶金企业事故应急工作的组织、协调、指挥和调度。

（2）国家冶金企业应急指挥部。应对重大冶金企业事故，成立以局长为组长，分管局领导和值班总局领导为副组长，办公厅主任、宣教办主任、科技司司长等为成员的应急指挥部。

应急指挥部下设指导联络组、文件资料组、新闻报道组、现场处置组。

应急指挥部负责组织指挥各成员单位开展冶金企业的应急处置工作；设置应急处置现场指挥部；组织有关专家对冶金企业应急处置工作提供技术和决策支持；负责确定向公众发布事件信息的时间和内容；事件终止认定及宣布事件影响解除。具体负责内容如下：

1）办公厅：负责应急值守，及时向安全监管总局领导报告事故信息，传达安全监管总局领导关于事故救援工作的批示和意见；向中央办公厅、国务院办公厅报送《值班信息》，同时抄送国务院有关部门；接收党中央、国务院领导同志的重要批示、指示，迅速呈报安全监管总局领导阅批，并负责督办落实；需派工作组前往现场协助救援和开展事故调查时，及时向国务院有关部门、事发地省级政府等通报情况，并协调有关事宜。

2）政策法规司：负责事故信息发布工作，与中宣部、国务院新闻办及新华社、人民日报社、中央人民广播电台、中央电视台等主要新闻媒体联系，协助地方有关部门做好事故现场新闻发布工作，正确引导媒体和公众舆论。

3）安全生产协调司：根据安全监管总局领导指示和有关规定，组织协调安全监察专员赶赴事故现场参与事故应急救援和事故调查处理工作。

4）调度统计司：负责应急值守，接收、处置各地、各部门上报的事故信息，及时报告安全监管总局领导，同时转送安全监管总局办公厅和应急指挥中心；按照安全监管总局领导指示，起草事故救援处理工作指导意见；跟踪、续报事故救援进展情况。

5）危险化学品安全监督管理司：提供事故单位相关信息，参与事故应急救援和事故调查处理工作。

6）应急指挥中心：按照安全监管总局领导指示和有关规定下达有关指令，协调指导事故应急救援工作；提出应急救援建议方案，跟踪事故救援情况，及时向安全监管总局领导报告；协调组织专家咨询，为应急救援提供技术支持；根据需要，组织、协调调集相关资源参加救援工作。

7）机关服务中心：负责安全监管总局事故应急处置过程中的后勤保障工作。

8）通信信息中心：负责保障安全监管总局外网、内网畅通运行，及时通过网站发布事故信息及救援进展情况。

9）化学品登记中心：负责建立化学品基本数据库，为事故救援和调查处理提供相关化学品基本数据与信息。

当企业在救援时用到当地消防、医疗救护等其他应急救援机构时，这些应急机构的指挥系统就会与企业的指挥系统构成联合指挥，并随着各部门的陆续到达，联合指挥逐步扩大。

企业应急指挥应该成为联合指挥中的一员，联合指挥成员之间要协调工作，建立共同的目标和策略，共享信息，充分利用可用资源，提高响应效率。在联合指挥过程中，企业应急指挥的主要任务是提供救援所需的企业信息，如厂区分布图、重要保护目标、消防设施位置等，还应当配合其他部门开展应急救援，如协助指挥人员疏散等。

当联合指挥成员在某个问题上不能达成一致意见时，则通常由负责该问题的联合指挥成员代表做出最后决策。

但如果动用其他部门较少，如发生较大火灾事故，没有发生人员伤亡的可能性，仅需要消防机构支援，可以考虑由支援部门指挥，企业为其提供信息、物资等支持。

4. 设立现场救援点

设点指各救援队伍进入事故现场，选择有利地形（地点）设置现场救援指挥部或救援、急救医疗点。

各救援点的位置选择关系到能否有序地开展救援和保护自身的安全。救援指挥部、救援和医疗急救点的设置应考虑以下几项因素：

（1）地点：应选在上风向的非污染区域，需注意不要远离事故现场，便于指挥和救援工作的实施。

（2）位置：各救援队伍应尽可能在靠近现场救援指挥部的地方设点并随时保持与指挥部的联系。

（3）路段：应选择交通路口，利于救援人员或转送伤员的车辆通行。

（4）条件：指挥部、救援或急救医疗点可设在室内或室外，应便于人员行动或伤员的抢救，同时要尽可能利用原有通信、水和电等资源，以有利于救援工作的实施。

（5）标志：指挥部、救援或医疗急救点均应设置醒目的标志，方便救援人员和伤员识别。悬挂的旗帜应用轻质面料制作，以便救援人员随时掌握现场风向。

三、事故应急响应的基本任务

事故应急救援工作在预防为主的情况下，贯彻统一指挥、分级负责、区域为主、单位自救和社会救援相结合的原则。除了平时做好事故预防工作，避免和减少事故的发生外，还要落实好救援工作的各项准备措施，确保一旦发生事故能及时进行响应。由于重大事故发生的突然性，发生后的迅速扩散性以及波及范围广的特点，这决定了应急响应行动必须迅速、准确、有序和有效。

事故应急响应的基本任务主要有：

1. 控制危险源。及时有效地控制造成事故的危险源是事故应急响应的首要任务。只有控制了危险源，防止事故的进一步扩大和发展，才能及时有效地实施救援行动。特别是发生在城市或人口稠密地区的化学事故，应及时控制事故进行扩展。

2. 抢救受害人员。抢救受害人员是事故应急响应的重要任务。在响应行动中，及时、有序、科学地实施现场抢救和安全转送伤员对挽救受害人的生命、稳定伤病、减少伤残率以及减轻受害人的痛苦等具有重要意义。

3. 指导群众防护，组织群众撤离。由于重大事故发生的突然性，发生后的迅速扩散性以及波及范围广、危害大的特点，应及时指导和组织群众采取各种措施进行自身防护，并迅速撤离危险区域或可能发生危险的区域。在撤离过程中积极开展群众自救与互救工作。

4. 清理现场，消除危害后果。对事故造成的对人体、土壤、水源、空气的危害，迅速采取封闭、隔离、洗消等措施；对事故外溢的有毒有害物质和可能对人和环境继续造成危害的物质，应及时组织人员进行清除；对危险化学品造成的危害进行监测与监控，并采取适当的措施，直至符合国家环境保护标准。

除此之外，应急响应过程还应了解事故发生原因和事故性质，准确估算事故影响范围和危险程度，查明人员伤亡情况，为开展好事故调查奠定基础。

第二节　事故应急响应程序

一、事故应急响应的一般程序

冶金企业事故应急工作是一个复杂的系统工程，每一个环节可能需要牵涉到方方面面的政府部门和救援力量。依据属地管理、分级负责的原则，事发地县级以上地方人民政府及其相关部门在事故应急工作中起主导作用，各相关部门按照职责分工承担不同的应急功能。

1. **各级安监部门的主要工作**

（1）参与冶金企业事故的应急指挥、协调、调度。

（2）负责冶金企业事故接报、报告、应急监测、污染源排查、调查取证等工作。

（3）根据现场调查情况及专家组意见对事态评估、信息发布、级别判断、污染物扩散趋势分析、污染控制、现场应急处置、人员防护、隔离疏散、抢险救援、应急终止等工作提出建议。

2. **应急响应的主要环节和工作程序**

应急响应的主要环节和工作程序为：接报、判断响应级别、报告、预警、启动应急预案、成立应急指挥部、开展应急处置、应急恢复、应急终止。

（1）接报。接报指接到执行救援的指示或要求救援的请求报告。接报是救援工作的第一步，对成功实施救援具有重要的作用。

（2）判断响应级别。接到事故报警后，按照工作程序对警情做出判断，初步确定响应级别。如果事故不足以启动应急救援体系的最低响应级别，响应关闭。

（3）报告。事故应急响应报告与接报是相辅相成的，都是应急响应工作的关键步骤。根据应急的类型和严重程度，企业应急总指挥或企业有关人员（业主或操作人员）必须按照法律法规和标准的规定将事故有关情况上报政府安全生产主管部门。具体报告程序和内容将在后面的章节里详细介绍。

（4）预警。当事故可能影响到企业内其他人员甚至周边企业或居民社区时，应及时启动预警系统，向公众发出警报，同时通过各种途径向公众发出紧急公告。

（5）启动应急预案。应急响应级别确定后，按所确定的响应级别启动应急程序，如通知应急中心有关人员到位、开通信息与通信网络、通知调配救援所需的应急资源。

（6）成立应急指挥部。各救援队伍进入事故现场，选择有利地形（地点）设置现场救援指挥部或救援、急救医疗点。

（7）开展应急处置。有关应急队伍进入事故现场后，迅速开展侦测、警戒、疏散、人员救助、工程抢险等有关应急救援工作。专家组为救援决策提供建议和技术支持。当事态超出响应级别，无法得到有效控制时，则向应急中心请求实施更高级别的响应。

（8）应急恢复。应急行动结束后，进入临时应急恢复阶段。包括现场清理、人员清点和撤离、警戒解除、善后处理和事故调查等。

（9）应急结束。执行应急关闭程序，由事故总指挥宣布应急结束。

二、冶金企业事故应急响应程序

冶金企业事故应急响应程序主要分为应急准备状态响应程序和应急响应状态响应程序两个部分。

1. 应急准备状态响应程序

进入应急准备状态时，根据事故发展态势和现场救援进展情况，领导小组成员单位根据职责，执行以下应急响应程序：

（1）立即向领导小组报告事故情况。

（2）及时将事故情况报告中央办公厅、国务院办公厅，抄送国务院有关部门。

（3）及时掌握事态发展和现场救援情况，并向领导小组报告。

（4）通知有关专家、应急救援队伍、国务院有关部门做好应急准备。

（5）向事故发生地救援指挥机构提出事故救援指导意见。

（6）根据需要派有关人员和专家赶赴事故现场指导救援。

（7）提供有关专家、救援队伍、装备、物资等信息，组织专家咨询。

2. 应急响应状态响应程序

进入应急响应状态时，根据事态发展和现场救援进展情况，领导小组成员单位根据职责，执行以下应急响应程序：

（1）通知领导小组，收集事故有关信息和资料。

（2）及时将事故情况报告中央办公厅、国务院办公厅，抄送国务院有关部门。

（3）组织专家咨询，提供事故应急救援方案。

（4）派有关人员赶赴现场协助指挥。

（5）通知有关部门做好交通、通信、气象、物资、环保等工作。

（6）通知有关应急救援队伍、专家参加现场救援工作。

（7）及时向公众及媒体发布事故应急救援信息，正确引导媒体和公众舆论。

（8）根据领导指示，通知国务院安委会有关成员单位。

第三节　应急响应的报告

一、信息来源

报告责任单位：冶金企业事故发生单位及其主管部门，冶金行政主管部门、卫生安全监管部门，县级以上地方人民政府及其相关部门，以及其他企事业单位、社会团体。

公民有义务向政府及其相关部门反映冶金企业事故。

二、接报

1. 接报责任单位

各级人民政府、安全生产监督管理部门及其他政府职能部门。

2. 接报责任人工作职责和规程

准确了解事故的性质和规模等初始信息是决定启动应急救援的

关键，接报作为应急响应的第一步，必须对接报要求做出明确规定。

（1）应明确 24 小时报警电话，建立接报和事故通报程序。

（2）列出所有的通知对象及电话，将事故信息及时按对象及电话清单通知。

（3）接报人一般应由总值班员担任，接报人应做好以下几项工作：

1）问清报告人姓名、单位部门和联系电话。

2）问明事故发生的时间、地点、事故单位、事故原因、主要毒物、事故性质（钢水外泄、爆炸、燃烧）、危害波及范围和程度、对救援的要求，同时做好电话记录。

3）按应急救援程序，派出救援队伍。

4）向企业领导层和上级有关部门报告。

5）保持与应急救援队伍的联系，并视事故发展状况，必要时派出后继梯队予以增援。

（4）接报人员在向企业领导层报告时要报告事故情况，以及可能的响应级别。

（5）在进行应急救援行动时，首先是让企业内人员知道发生了紧急情况，此时要启动警报系统，最常使用的是声音警报。警报有两个目的：

1）通知应急人员企业发生了事故，要进入应急状态，采取应急行动。

2）提醒其他无关人员采取防护行动（如转移到更安全的地方或撤离企业）。

3. 接报的时限

接报责任单位接到冶金企业事故报告后，应在 4 小时内向所在地县级以上人民政府报告，同时向上一级安全生产监督管理部门报告。紧急情况时，可以越级上报。确认发生特别重大冶金灾难性事故后，必须立即上报国家安全监管总局。

三、报告

1. 事故报告的基本程序

（1）事故发生后，事故现场有关人员应当立即向本单位负责人报告；单位负责人接到报告后，应当于 1 小时内向事故发生地县级以上人民政府安全生产监督管理部门和负有安全生产监督管理职责的有关部门报告。

情况紧急时，事故现场有关人员可以直接向事故发生地县级以上人民政府安全生产监督管理部门和负有安全生产监督管理职责的有关部门报告。

（2）安全生产监督管理部门和负有安全生产监督管理职责的有关部门接到事故报告后，应当依照下列规定上报事故情况，并通知公安机关、劳动保障行政部门、工会和人民检察院：

1）特别重大事故、重大事故逐级上报至国务院安全生产监督管理部门和负有安全生产监督管理职责的有关部门。

2）较大事故逐级上报至省、自治区、直辖市人民政府安全生产监督管理部门和负有安全生产监督管理职责的有关部门。

3）一般事故上报至设区的市级人民政府安全生产监督管理部门和负有安全生产监督管理职责的有关部门。

安全生产监督管理部门和负有安全生产监督管理职责的有关部门依照前款规定上报事故情况，应当同时报告本级人民政府。国务院安全生产监督管理部门和负有安全生产监督管理职责的有关部门以及省级人民政府接到发生特别重大事故、重大事故的报告后，应当立即报告国务院。

必要时，安全生产监督管理部门和负有安全生产监督管理职责的有关部门可以越级上报事故情况。

（3）安全生产监督管理部门和负有安全生产监督管理职责的有关部门逐级上报事故情况，每级上报的时间不得超过 2 小时。

（4）报告事故应当包括下列内容：

1）事故发生单位概况。

2）事故发生的时间、地点以及事故现场情况。

3）事故的简要经过。

4）事故已经造成或者可能造成的伤亡人数（包括下落不明的人数）和初步估计的直接经济损失。

5）已经采取的措施。

6）其他应当报告的情况。

2. 冶金企业事故应急报告程序

（1）生产经营单位发生事故后，现场人员应立即将事故情况报告企业负责人，并在保证自身安全的情况下按照现场处置程序立即开展自救。

（2）单位负责人接到事故报告后，应迅速组织救援，并按照国家有关规定立即报告当地人民政府和有关部门；紧急情况下，可越级上报。

（3）地方人民政府和有关部门应当逐级上报事故信息，接到Ⅱ级以上响应标准的事故报告后，应当在2小时内报告至省（区、市）人民政府；紧急情况下，可越级上报。

第四节　应急处置与救援

一、应急处置

各相关应急力量在现场应急指挥部的统一领导下开展应急处置工作。

1. 现场处置

根据现场处置预案，组织人员进行现场处置。

2. 应急指导

（1）专家组工作指导。各级冶金主管部门根据冶金企业事故应急工作需要建立由不同行业、不同部门组成的专家库。

发生冶金企业事故，专家组迅速对事件信息进行分析、评估，提出应急处置方案和建议；根据事件进展情况和形势动态，提出相应的对策和意见；对冶金企业的危害范围、发展趋势做出科学预测；参与污染程度、危害范围、事件等级的判定，对污染区域的隔离与解禁、人员撤离与返回等重大防护措施的决策提供技术依据；指导各应急分队进行应急处理与处置；指导冶金企业应急工作的评价，进行事件的中长期影响评估。

（2）现场应急工作指导。上级冶金主管部门根据现场应急需要通过电话、文件或派出人员等方式对现场应急工作进行指导。

二、应急救援

1. 按各自的职责和任务开展工作

进入现场的救援队伍要尽快按照各自的职责和任务开展工作。

（1）现场救援指挥部：应尽快地开通通信网络；迅速查明事故原因和危害程度；制定救援方案；组织指挥救援行动。

（2）侦检队：应快速鉴定危险源的性质及危害程度，测定出事故的危害区域，提供有关数据。

（3）工程救援队：应尽快控制危险；将伤员救离危险区域；协助组织群众撤离和疏散；做好毒物的清消工作。

（4）现场急救医疗队：应尽快将伤员就地简易分类，按类别进行急救和做好安全转送。同时应对救援人员进行医学监护，并为现场救援指挥部提供医学咨询。

2. 现场应急救援注意事项

在现场应急救援工作中要注意以下几点：

（1）救援人员的安全防护

救援人员在救援行动中，应佩戴好防护装置，并随时注意事故的发展变化，做好自身防护。

（2）救援人员进入污染区注意事项

救援人员进入污染区前，必须戴好防毒面罩和穿好防护服；执行救援任务时，应以2～3人为一组，集体行动，互相照应；带好通信联系工具，随时保持通信联系。

（3）工程救援注意事项

1）工程救援队在抢险过程中，尽可能地和单位自救队或技术人员协同作战，以便熟悉现场情况和生产工艺，有利救援工作的实施。

2）在营救伤员、转移危险物品和化学泄漏物的清消处理中，与公安、消防和医疗急救等专业队伍协调行动，互相配合，提高救援的效率。

3）救援所用的工具具备防爆功能。

（4）现场医疗急救需注意的问题

1）重大事故造成的人员伤害具有突发性、群体性、特殊性和紧迫性，现场医务力量和急救的药品、器材相对不足时，应合理使用有限的卫生资源，在保证重点伤员得到有效救治的基础上，兼顾到一般伤员的处理。在急救方法上可对群体性伤员实行简易分类后的急救处理，即由经验丰富的医生负责对伤员的伤情进行综合评判，按轻、中、重简易分类，对分类后的伤员除了标上醒目的分类识别标志外，在急救措施上按照先重后轻的医疗原则，实行共性处理和个性处理相结合的救治方法；在急救顺序上，应优先处理能够获得最大医疗效果的伤病员。

2）注意保护伤员的眼睛。

3）对救治后的伤员实现一人一卡，将处理意见记录在卡上，并别在伤员胸前，以便做好交接，有利伤员的进一步转诊救治。

4）合理调用救护车辆。在现场医疗急救过程中，常出现伤员多而车辆不够用的情况，因此，合理调用车辆迅速转送伤员也是一项重要的工作。在救护车辆不足的情况下，对重伤员可以在医务人员的监护下，由监护型救护车护送，而中度伤员实行几人合用一辆车，轻伤员可商调公交车或卡车集体护送。

5）合理选送医院。伤员转送过程中，实行就近转送医院的原则。但在医院的选配上，应根据伤员的人数和伤情，以及医院医疗特点和救治能力，有针对性地合理调配，特别要注意避免危重伤员的多次转院。

6）妥善处理好伤员的污染衣物。及时清除伤员身上的污染衣物，还需对清除下来的污染衣物集中妥善处理，防止发生继发性损害。

7）统计工作。统计工作是现场医疗急救的一项重要内容，特别是在忙乱的急救现场，更应注意统计数据的准确性和可靠性，同时为日后总结和分析积累可靠的数据。

（5）组织和指挥群众撤离现场需注意的问题

1）在组织和指导群众做好个人防护后，再撤离危险区域。发生事故后，应立即组织和指导污染区的群众就地取材，采用简易有效的防护措施保护自己。如用透明的塑料薄膜袋套在头部，用毛巾或布条扎住颈部，在口、鼻处挖出孔口，用湿毛巾或布料捂住口、鼻，同时用雨衣、塑料布、毯子或大衣等物，把暴露的皮肤保护起来免受伤害，并快速转移至安全区域。也可就近进入民防地下工事，关闭防护门，防止事故的伤害。

2）防止继发伤害。组织群众撤离危险区域时，应选择安全的撤离路线，避免横穿危险区域。进入安全区后，尽快去除污染衣物，防止继发性伤害。

3）发扬互助互救的精神。发扬群众性的互帮互助和自救互救精神，帮助同伴一起撤离，对做好救援工作、减少人员伤亡具有重要的作用。

第五节 响应结束

一、应急结束的条件

符合下列条件之一的，即满足应急结束条件：

1. 事故现场得到控制，事故条件已经消除。

2. 危险源的泄漏或释放已降至规定限值以内。

3. 事故所造成的危害已经被彻底消除，无继发可能。

4. 事故现场的各种专业应急处置行动已无继续的必要。

5. 采取了必要的防护措施以保护公众免受再次危害，并使事故可能引起的中长期影响趋于合理且尽量低的水平。

二、应急结束的程序

1. 现场救援指挥部确认终止时机，或事故责任单位提出，经现场救援指挥部批准。

2. 现场救援指挥部向所属各专业应急救援队伍下达应急终止命令。

3. 应急状态终止后，相关类别冶金企业事故专业应急指挥部应根据国务院有关指示和实际情况，继续进行环境监测和现场评价工作，直至其他补救措施无须继续进行为止。

三、应急终止后的行动

1. 冶金企业事故应急指挥部指导有关部门及冶金企业事故单位

查找事件原因，防止类似问题的重复出现。

2. 有关冶金企业事故专业主管部门负责编制特别重大、重大冶金企业事故总结报告，于应急终止后上报。

3. 应急过程评价。特别重大、重大冶金企业事故的应急过程评价由安全监管总局组织有关专家，会同事发地省级人民政府组织实施。其他冶金企业事故由当地政府负责组织实施。

4. 根据实践经验，有关类别冶金企业事故专业主管部门负责组织对应急预案进行评估，并及时修订冶金企业事故应急预案。

5. 参加应急行动的部门负责组织、指导冶金企业事故应急队伍维护、保养应急仪器设备，使之始终保持良好的技术状态。

第六章 应急处置与救援行动

第一节　应急处置的基本原则与方法

一、应急处置的基本原则

冶金企业事故应急响应中的主体就是事故现场的应急处置与救援。对于应急处置，要遵循以下原则：

1. 安全第一、以人为本的原则

事故发生后会产生数量和范围不确定的受害者。受害者的范围不仅包括事故中的直接受害人，甚至还包括直接受害人的亲属、朋友以及周围其他利益相关的人员。受害人所需要的救助往往是多方面的，这不仅体现在生理上，很多时候也体现在心理和精神层面上。应急处置最重要的原则是保证人的安全。坚持以人为本，就是在任何情况下都要确保人的生命安全和健康，绝对不能拿生命冒险。在应急施救过程中，最优先的目标和最重要的举措都要首先保证人身安全。因此，事故应急处置的部门和人员在进行现场控制的同时应立即展开对受害者的救助，及时抢救护送危重伤员、救援受困群众、妥善安置死亡人员、安抚在精神与心理上受到严重冲击的受害人。

2. 早期预警原则

早期预警具有两个功能：一是防止事件发生，在事故即将形成或没有爆发之前，采取应变措施防范和阻止由预警期进入到应急响应期；二是事故发生和扩大蔓延之前，通过预警期的活动能迅速提高警备级别，动员准备力量，加强应急处置能力，把事故控制在应急预案所策划的特定类型或指定区域，确保事故在演化成危机前进入到恢复期。另外，在应急救援过程中，一旦发现异常情况或出现危险迹象，要立即发出预警信号，迅速通知指挥和现场有关人员，采取应变措施。

3. 快速响应原则

快速响应是应急管理的基本原则。无论是火灾、爆炸还是有毒物质泄漏事故都会对人民群众的生命和财产安全以及正常的社会秩序构成严重威胁。而且事故所具有的突发性等特点，决定了事故一旦发生，时间就是生命，应急响应速度与事故后果的严重程度密切相关。分析总结大量事故应急救援工作的经验表明，对事故受害人早期的抢险救治对保障生命、减轻伤害具有决定性意义。同时，如果在敏感期处理不够及时，可能使事件性质发生扩大和激变。因此，在事故发生后，必须在极短的时间内就地做出应急反应，在造成严重后果之前采取有效的防护、急救或疏散措施。快速响应就是要求在应急响应的准备和初级响应阶段实现快速有效的反应，在事故苗头刚刚出现时，要在事故原始地点就地快速应对，将事故控制在最初始阶段，以最高的效率与最快的速度救助受害人，并为尽快地恢复正常的工作秩序、社会秩序和生活秩序创造条件。

事故发生之后，现场处置并没有一个固定的模式，一方面要遵循事故处置的一般原则；另一方面也需要根据事故的性质与所影响的范围灵活掌握、灵活处理。有的事故在爆发的瞬间就已结束，没有继续蔓延的条件，但大多数事故在救援和处置过程中可能还会继续蔓延扩大，如果处置不及时，很可能带来灾难性的后果，甚至引发其他事故。事故现场控制的作用，首先体现在防止事故继续蔓延扩大方面。因此，必须在第一时间内做出反应，以最快的速度和最高的效率进行现场控制。因此，快速反应原则是事故应急处置中的重要原则。

4. **统一指挥、协调一致原则**

应急指挥在组织结构上可分为多种形式，但无论采用哪一类指挥系统都必须实行统一指挥的原则，无论涉及应急救援活动单位的行政级别和隶属关系如何不同，都必须服从应急指挥部的统一指挥协调，统一号令，步调一致，令行禁止。应急指挥最基本的功能就是统一协调执行应急救援任务各单位之间的活动，使各参与单位既能充分发挥自己的作用，又能相互配合，提高整体效能。一般情况下，在同一时间、地区执行应急任务的各专业队伍都应紧密配合执行主要任务的队伍行动；尤其是在跨行业、跨领域、跨地区乃至跨国界的重大事故灾难中，更应强调在一个共同的指挥系统内实现高度统一的协调指挥。

5. **属地为主、资源共享原则**

在早期，各国应急管理体系基本上依托行政管理体制的树枝样结构，即按行政隶属与级别、建立复杂的分层与分枝事故应急管理模式。分层主要是考虑行政级别，分枝则在分层基础上再按行业分类。多年实践发现，由于这种树状组织体系结构过于繁杂，难以应对突发的紧急状态，在重大事件应急响应实践中发现了一些突出的问题：由于决策层次过多，影响救援速度，增加应急管理成本；部门职能交叉，责任不清，难以统一指挥协调；按日常行政管理程序管理突发事件或危机这种非常态的特殊问题，运行机制难以顺畅。近年来，一些工业化国家逐渐开始在应急管理工作中采用扁平化网状管理结构，这种管理模型决策速度快、响应能力强、运行效率高，有助于克服树状管理结构中存在的问题。网状结构主要由节点、节点之间联络线和点线联结后形成的网格组成。多数网状结构是以城市为节点，促进城市之间的互联、互通和互助，淡化各级政府应急管理机构的行政级别，即使是国家或省一级也仅将其当作节点之一，从而使整个应急管理体系重心下移。形成扁平化的应急管理网络，强化地方在应急管理工作中的主导作用，使应急处置指挥地点前移，以提高应急救援工作时效。即使是在特别重大事故的应急管理中，有些事故灾难的情况十分复杂，其影响可能跨越几个地区，涉及众多部门，仍然要在应急管理中坚持属地为主和资源共享原则。

6. **控制局面、防止危机原则**

公共安全事故的后果与影响往往难以预料，应急处置略有延误或稍有不慎，就可能改变事故（灾害、事件）的性质，造成失控状态，甚至演变为危机，对整个社会基本价值观、基本准则和社会秩序造成严重威胁，使政府处置危机时面临更紧迫的时间压力和复杂多变的局面，给应急恢复重建带来更大的困难和更高的成本。因此，在整个应急响应过程中，必须以防止危机出现为主要战略目标，各项处理措施要坚决果断，要尽快使应急救援队伍达到现场并迅速展开行动，在应急救援的同时要做好公众的工作，以防激变，尤其是各类媒体，要坚持正面舆论导向，协助政府稳定民心。

7. **人员疏散原则**

在大多数事故应急处置的现场控制与安排中，把处于危险境地的受害者尽快疏散到安全地带，避免出现更大伤亡的灾难性后果，是一项极其重要的工作。在很多伤亡惨重的事故中，没有及时进行人员安全疏散是造成群死群伤的主要原因。

无论是自然灾害还是人为的事故，或者其他类型的事故，在决定是否疏散人员时，需要考虑的因素一般有：

（1）是否可能对群众的生命和健康造成危害，特别是要考虑到是否存在潜在危险性。

（2）事故的危害范围是否会扩大或者蔓延。

（3）是否会对环境造成破坏性的影响。

8. **保护现场原则**

按照一般的程序，事故应急处置工作结束之后，或在应急处置过程的适当时机，调查工作就需要介入，以分析事故的原因与性质，发现、搜集有关的证据，澄清事故的责任者。现场处置工作中所采取的一切措施都要有利于日后对事故的调查。在实践中容易出现的问题是应急人员的注意力都集中在救助伤亡人员，或防止灾难的蔓延扩大上，而忽略了对现场与证据的保护，结果在事后发现其中有犯罪嫌疑需要搜集证据时，现场已遭到破坏，给调查工作带来被动。因此，必须在进行现场控制的整个过程中，把保护现场作为工作原则贯彻始终。虽然对事故的应急处置与调查处理是不同的环节与过程，但在实际工作中没有明确的界限，不能把两者截然分开。

9. 保护应急人员安全的原则

从理性的角度考虑，在事故的应急处置过程中，应当明确的一个基本目标是保证所有人的安全，既包括受害人和潜在的受害人，也包括应急处置的参与人员，而且首先要保证应急参与人员的安全，不能为了执行一个不负责任的命令而牺牲无辜的应急人员的安全。现场的应急指挥人员在指导思想上也应充分地权衡各种利弊得失，尽可能使现场应急的决策科学化与最优化，避免付出不必要的牺牲和代价。

同时，也要十分注意保护应急队伍自身的安全，实际上在极端危险的情况下，保护不了自己的安全，就无法救护别人。每一个应急指挥员，都有责任保障救援队伍的安全，任何一级指挥员都没有权力因为财产等物质原因让应急人员冒生命危险。在保障应急抢险人员安全方面，我们有惨痛的教训。

二、应急处置的基本方法

在事故现场处置过程中，对现场的控制是必不可少的，需要做出一系列的应急安排，其目的是防止事故的进一步蔓延扩大，使人员伤亡与财产损失降到最低程度。但由于事故发生的时间、环境和地点不同，因而其现场也有不同的环境与特点，所需要的控制手段及应急资源也不相同。这些差别决定了在不同的事故现场应该采取不同的控制方法。事故现场控制的一般方法可分为以下几种：

1. 警戒线控制法

警戒线控制法是指由参加现场处置工作的人员对需要保护的重大或者特别重大的事故现场站岗警戒，防止非应急处置人员与其他无关人员随意进出现场，干扰应急处置工作正常进行的特别保护方法。在重特大事故现场或其他相关场所，根据事故的性质、规模、特点等不同情况或需要，应安排公安机关的警察、保安人员或企业事业单位的保卫人员等应急参与人员实施警戒保护。对于范围较大的事故现场，应从其核心现场开始，向外设置多层警戒线。

在事故现场设置警戒线，一方面是为了保证处置工作的顺利进行，使应急人员在心理上有一种安全感，同时避免外来的未知因素对现场的安全构成威胁；另一方面也可以避免现场可能存在的各种危险源危及周围无关人员的安全。在警戒线的设置范围上，应坚持宜大不宜小，保留必要的警戒冗余度以阻止现场内外人、物、信息的大规模无序流动。在实践中，各国普遍的做法是设置两层以上的警戒线。由内向外，由高密度向低密度布置警戒人员。这种警戒线表面上是虚设的，但是，这种虚设的警戒线至少在心理上可以让处置人员产生一种安全感，从而高效地投入救援工作。警戒线的设立也可以使大部分外部人员或围观群众自觉地远离事故现场，从而为应急处置创造一个较好的外部环境。

2. 区域控制法

在有些事故的应急处置过程中，可能点多面广，需要处置的问题比较多，处置工作必然存在优先安排的顺序问题；也可能由于环境等因素的影响，需要对某些局部区域采取不同的控制措施，控制进入现场的人员数量。区域控制建立在现场概览的基础上，即在不破坏现场的前提下，在现场外围对整个事故发生环境进行总体观察，确定重点区域、重点地带、危险区域和危险地带。现场区域控制遵循的原则是：先重点区域，后一般区域；先危险区域，后安全区域；

先外围区域，后中心区域。具体实施区域控制时，一般应当在现场专业处置人员的指导下进行，由事故单位事发地的公安机关指派专门人员具体实施。

3. 遮盖控制法

遮盖控制法实际上是保护现场与现场证据的一种方法。在事故的处置现场，有些物证的时效性要求往往比较高，天气因素的变化可能会影响取证和检材的真实性；有时由于现场比较复杂，破坏比较严重，再加上应急处置人员不足，不能立即对现场进行勘查、处置，因此需要用其他物品对重要现场、重要物证和重要区域进行遮盖，以利于后续工作的开展。遮盖物一般多采用干净的塑料布、帆布和草席等物品，起到防风、防雨、防日晒以及防止无关人员随意触动的作用。应当注意的是，除非万不得已，一般尽量不要使用遮盖控制法，防止遮盖物沾染某些微量物证或检材，影响取证以及后续的化学物理分析结果。

4. 以物围圈控制法

为了维持现场处置的正常秩序，防止现场重要物证被破坏以及危害扩大，可以用其他物体对现场中心地带周围进行围圈。一般来讲，可以使用一些不污染环境、阻燃隔爆的物体。如果现场比较复杂，还可以采用分区域和分地段的方式进行。

5. 定位控制法

有些事故现场由于死伤人员较多，物体变动较大，物证分布范围较广，采取上述几种现场控制方法，可能会给事发地的正常生活和工作秩序带来一定的负面影响，这就需要对现场特定死伤人员、特定物体、特定物证、特定方位和特定建筑等采取定点标注的控制方法，使现场处置有关人员对整体事件现场能够一目了然，做到定量和定性相结合，有利于下一步工作的开展。定位控制一般可以根据现场大小和破坏程度等情况，首先按区域和方位对现场进行区域划分，可以有形划分，也可以无形划分，如长条形、矩形、圆形和螺旋形等形式；然后，每一划分区域指派若干现场处置人员，用色彩鲜艳的小旗对死伤人员、重要物体、重要物证和重要痕迹定点标注；最后，根据现场应急处置的需要，在此基础上开展下一步的工作。这也是欧美国家在处置重大事故现场过程中常采用的一种方法。

第二节　事故应急处置

一、现场评估

任何处置工作的开展都必须以对现场形势的准确评估为前提，快速反应的原则并不是单纯强调速度快，而是要保证处置工作的高效率。因此，事故的应急处置人员在到达现场后，如果不了解现场基本情况就盲目进行处置是不可取的，这不仅无法实现防止事态蔓延扩大的目的，而且还会造成应急救援人员的伤亡，造成更大的损失。为了有效地进行现场控制，应急处置人员的首要职责是获取现场准确的信息，对所发生的事故进行及时准确的认识与把握。一旦这些信息反馈给指挥决策部门，就可以帮助他们做出正确的决策。

1. 评估事故的性质

重特大事故发生后，往往提供的信息不充分（或信息随时发生变化），这决定了在进行应急处置工作时，首先要对面临的现场情况进行评估，而对事故性质的判断又是最重要的，因为不同性质事故的应急处置要求有不同的侧重点。例如，在对有爆炸发生的事件进行现场控制时，要对现场进行评估：判明这是意外事故，还是人为破坏。如果是人为破坏，就需要在处置时对现场进行仔细的勘查，注意发现和搜集证据。在评估中，要注意根据事故发生的原因、时间、地点、所针对的人群和所采取的手段等因素来判明事故性质，以便更有针对性地开展处置工作。

2. 现场潜在危害的监测

多数事故的处置现场可能会存在各种潜在危险，事故会随时二次爆发，造成事态的蔓延和扩大，导致危害加剧，并对应急处置人员的安全构成一定的威胁。因此，在进行应急处置时，必须对现场潜在的危害进行实时监测和评估，避免二次事故的发生。例如，在爆炸事故中，由于现场可能存在未爆炸的危险物质，对这些物质的处置决定了处置工作的最终效果。一般应通过搬运、冷却等方法防止其发生爆炸。对无法搬走的危险物品，除采取必要的措施进行保护外，还必须安排有经验的人员对其进行实时监控，一旦发现爆炸征兆，应及时通知所有人员撤离。2005 年吉林石化公司发生爆炸事故，消防人员在控制现场时，一方面组织人员扑救火灾，另一方面随时监控未发生爆炸的油罐，在长达数十小时的救援中，消防人员四进三退，并通知外围警戒线不断外扩，最终在保证人员安全的基础上成功地控制了火势。应急处置人员的重要职责之一是救人，但处置者自身的安全也是必须考虑的。

3. 现场情景与所需的应急资源

事故应急处置工作头绪多、任务重，而且是在非常紧急的情况下开展的，因此稍有不慎就会造成更大的损失。其中现场情景与应急资源是否匹配，是决定应急处置工作能否取得成功的重要因素之一。应急资源不足，可能会造成对现场的控制不力，导致损失扩大；及时组织足够的应急资源参与现场处置，是保证处置工作顺利进行的基础；但动用过多的应急资源，也可能造成不必要的浪费。通过对现场情景以及处置难度的评估分析，及时合理地采取各种措施，调动相应的人力资源和物质资源参与现场处置，是保证应急处置快速、有效应对的重要保证。在实践中，无论最终需要组织多少应急资源，都应特别强调第一出动力量的重要性。有力的第一出动力量可以在处置之初有效控制事态。如果第一出动力量不足，再调集其他力量增援，则可能失去应急的最佳时机。值得注意的是，由于事件的性质和特点不同，其难度和处置所需的处置力量也不尽相同。例如，同样是针对地铁发生的灾难性事件应急处置，1995 年发生在东京的沙林毒气袭击事件造成了多人死伤，在处置过程中，防化、洗消、医疗急救等力量是必不可少的，但是破拆和消防力量则基本上没有用武之地；但是在 2005 年 7 月 7 日伦敦地铁爆炸事件现场处置中，破拆和消防力量却又是必不可少的。因此，评估的意义就在于因时因地因事的不同，通过评估可以调集适当的应急处置力量，达到快速妥善处置的效果。

4. 人员伤亡的情况评估

人员伤亡情况不仅决定着事故的规模与性质，而且也是安排现场救护主要考虑的因素。在我国突发公共事件的报告制度中，人员伤亡情况是决定事故报告的时间期限、反应级别的重要指标。当人员伤亡的数量超出地方政府的反应能力时，必须及时请求上一级政府应急资源的支持。应急处置现场对人员伤亡情况的评估包括确定伤亡人数及种类、伤员主要的伤情、需要采取的措施及需要投入的医疗资源。在事故刚刚发生时，估计人员伤亡的情况一般应以事发时可能在现场的人数作为评估的基准，根据事故的严重程度分析人员伤亡的大致情况。根据应急管理的适度反应原则，对人员伤亡的情况评估应尽量实事求是。如果估计过重，不仅会造成资源的浪费，而且会加重事故对社会心理的冲击，反之，则可能由于报告不及时、反应不足而错失救援的良机。在现场医疗救护中，对于已经死亡的人员，要妥善保存和安置尸体，尽可能搜集相关证物和遗物，为善后工作和调查工作提供有利条件。对于受伤人员，首先应将其运送出危险区域，随后立即进行院前急救。依据受伤者的伤病情况，按轻伤、中度伤、重伤和死亡进行分类，分别以伤病卡做出标志，置于伤病员的左胸部或其他明显部位，这种分类便于医疗救护人员辨认并采取相应的急救措施，在紧急情况下根据需要把有限的医疗资源运用到最需要的人群身上。

5. 经济损失的估计与可能造成的社会影响

在应急处置初期，对经济损失的估计更侧重于对事故造成的负面社会影响。处置现场对经济损失的情况评估包括直接和间接经济损失，各种财产的损失，以及事故可能带来的对经济的负面影响。例如，“9·11”恐怖袭击事件对纽约相关产业造成了一定冲击，据专家估算，恐怖袭击事件发生后纽约至少损失了46 000个就业机会；印度尼西亚巴厘岛的连环爆炸袭击事件对当地旅游业造成了严重的冲击，直接影响到当地居民的收入和生活水平。但由于经济损失的估算一般需要技术人员和专业知识，现场处置人员一般只对损失进行观察、计数和登记，为日后进行专业估算提供依据。

6. 周围环境与条件的评估

一些事故在应急处置过程中依然处于积极运动期，随时可能造成新的危害，而周围环境和条件就是其再次爆发的主要因素。因此，在应急处置时必须随时注意周围环境和条件对处置工作的影响。对事发现场周围环境与条件的评估包括对空间、气象、处置工作的可用资源及特点的评估。不同类型事故现场对环境特点的把握应有不同的侧重点。例如，火灾的发展蔓延与火场的气象条件有密切的关系，但即使同是火灾，房屋建筑物火灾和森林火灾的气象特点的重要性也不相同。同样地，如果空难发生在不同的空间位置，其蔓延的可能性和处置工作中可利用的资源也不同。一般来说，设置在临海地区或海面上的机场，一旦发生事故，事故向其他区域蔓延的可能性较小，这就是由其特定的现场环境所决定的。

周围环境评估的重要性体现在可以让事故应急处置部门比较清晰地了解处置的具体条件，根据不同的空间、气象等环境条件，合理地配置和使用不同的处置资源，提高处置的效率，达到预期的效果。

二、冶金典型事故应急处置

现场应急救援指挥部根据事故发展情况，在充分考虑专家和有关方面意见的基础上，依法采取紧急处置措施。涉及跨省级行政区、跨领域或影响严重的紧急处置方案，由安全监管总局协调实施，影响特别严重的报国务院决定。

冶金典型事故按照可能造成的后果，分为高炉垮塌事故，煤粉爆炸事故，钢水、铁水爆炸事故，煤气火灾、爆炸事故，煤气、硫化氢、氰化氢中毒事故，氧气火灾事故。针对上述事故特点，事故发生单位和现场应急救援指挥部应参照以下处置方案和处置要点开展工作。

1. 一般处置方案

（1）在做好事故应急救援工作的同时，迅速组织群众撤离事故危险区域，维护好事故现场和社会秩序。

（2）迅速撤离、疏散现场人员，设置警示标志，封锁事故现场和危险区域，同时设法保护相邻装置、设备，防止事态进一步扩大和引发次生事故。

（3）参加应急救援的人员必须受过专门的训练，配备相应的防护（隔热、防毒等）装备及检测仪器（毒气检测等）。

（4）立即调集外伤、烧伤、中毒等方面的医疗专家对受伤人员进行现场医疗救治，适时进行转移治疗。

（5）掌握事故发展情况，及时修订现场救援方案，补充应急救援力量。

2. 高炉垮塌事故处置要点

发生高炉垮塌事故，铁水、炽热焦炭、高温炉渣可能导致爆炸和火灾；高炉喷吹的煤粉可能导致煤粉爆炸；高炉煤气可能导致火灾、爆炸；高炉煤气、硫化氢等有毒气体可能导致中毒等事故。处置高炉垮塌事故时要注意：

（1）妥善处置和防范由炽热铁水、煤粉尘、高炉煤气、硫化氢等导致的火灾、爆炸、中毒事故。

（2）及时切断所有通向高炉的能源供应，包括煤粉、动力电源等。

（3）监测事故现场及周边区域（特别是下风向区域）空气中的有毒气体浓度。

（4）必要时，及时对事故现场和周边地区的有毒气体浓度进行分析，划定安全区域。

3. 煤粉爆炸事故处置要点

在密闭生产设备中发生的煤粉爆炸事故可能发展成为系统爆炸，摧毁整个烟煤喷吹系统，甚至危及高炉；抛射到密闭生产设备以外的煤粉可能导致二次粉尘爆炸和次生火灾，扩大事故危害。处置煤粉爆炸事故时要注意：

（1）及时切断动力电源等能源供应。

（2）严禁贸然打开盛装煤粉的设备灭火。

（3）严禁用高压水枪喷射燃烧的煤粉。

（4）防止燃烧的煤粉引发次生火灾。

4. 钢水、铁水爆炸事故处置要点

发生钢水、铁水爆炸事故，应急救援时要注意：

（1）严禁用水喷射钢水、铁水降温。

（2）切断钢水、铁水与水进一步接触的任何途径。

（3）防止四处飞散的钢水、铁水引发火灾。

5. 煤气火灾、爆炸事故处置要点

发生煤气火灾、爆炸事故，应急救援时要注意：及时切断所有通向事故现场的能源供应，包括煤气、电源等，防止事态的进一步恶化。

6. 煤气、硫化氢、氰化氢中毒事故处置要点

冶炼和煤化工过程中可能发生煤气、硫化氢和氰化氢泄漏事故。

应急救援时要注意：

（1）迅速查找泄漏点，切断气源，防止有毒气体继续外泄。

（2）迅速向当地人民政府报告。

（3）设置警戒线，向周边居民群众发出警报。

7. 氧气火灾事故处置要点

发生氧气火灾事故，应急处置时要注意：

（1）在保证救援人员安全的前提下，迅速堵漏或切断氧气供应渠道，防止氧气继续外泄。

（2）对氧气火灾导致的烧伤人员采取特殊的救护措施。

第三节　事故应急救援

一、应急救援的意义和目的

1. 应急救援的目的

事故现场应急救援的目的主要有以下几方面：

（1）挽救生命。通过及时有效的急救措施挽救生命，如对心跳呼吸停止的伤员进行心肺复苏。

（2）稳定病情。在现场对伤员进行对症、医疗支持及相应的特殊治疗与处置，以使其病情稳定，为下一步的抢救打下基础。

（3）减少伤残。发生事故，特别是重大或灾害事故时，不仅可能出现群体性中毒，往往还可能发生各类外伤，诱发潜在的疾病或使原来的某些疾病恶化，现场急救时正确地对伤病员进行冲洗、包扎、复位、固定、搬运及其他相应处理可以大大降低伤残率。

（4）减轻痛苦。通过一般及特殊的救护安定伤员情绪，减轻伤员的痛苦。

2. 相关知识——中国医疗救护体系

中国救护工作主要是依靠各级医院（包括企业、军队医院）开展，到 1980 年，卫生部、邮电部共同下达了开设全国 120 特种医疗急救呼救电话，通过 30 多年的努力，在全国大部分市、县均已建立了 120 专线。

中国急诊医疗服务体系（Emergency Medical Services System，EMSS）的模式为：院前急救→医院急诊科急诊→重症病房。

几乎所有城市均已建立独立的或依托于一个大医院的救护站或急救中心，县一级则往往以县医院为依托，配备数辆救护车，实施院前急救。

目前，我国急救医疗服务中心的模式大致可分为以下五种模式：

A 型模式，即独立的急救中心模式。如北京、保定等城市的急救中心，称为北京模式。其具有现代化水平，专业配套的独立型的急救中心，实行院前→急诊科（室）→重症病房一条龙的急救体系。为缩短我国与世界发达国家急救服务的差距，北京急救中心还在新建社区和近郊区扩建、兴建急救网点，努力达到急救半径 3～5 km，急救反应时间 5～10 分钟，从而接近发达国家的急救反应时间 4～7 分钟的水平。

B 型模式，即不设床位，以院前急救为主要任务的模式。如上海、天津、南京、武汉等城市的医疗救护中心，称之为上海模式。实际上其类同于德国的急救站系统，行政管理上直接隶属于当地卫生局。上海市医疗救护中心市内下设 10 个救护分站，郊县有 11 个救护分站，院前急救系统拥有 168 辆救护车，组成了急救运输网，市区急救半径为 4. 5 km，平均反应时间为 10 分钟，全市普遍使用 120 急救电话，随车人员多为急救医师。

C 型模式，即依托于一所综合性医院的院前急救模式。如重庆、青岛、邯郸、金华等城市的急救中心，称为重庆模式。该模式具有强大的急救医疗支持力量，形成了院前急救、医疗监护运送、院内急救、ICU 等完整的急救医疗功能。随车人员均为医院的医护人员，其特点在于院前、院内急救有机地结合起来，有效地提高了抢救伤病员的成功率。但该模式明显增加了现行医务人员的工作负担，急诊伤员的集中，导致急救中心“超负荷”运行，恶化了急诊条件，难以发挥技术优势。另外，重庆急救中心还建立了全市 17 家医院组成的急救医疗协作网络，杭州市、金华市也实施了急救依托医院与特约单位联建急救网络的形式。总之，该模式投资少、见效快，有利于迅速发展院前急救事业。

D 型模式，即建立全市统一的急救通信指挥中心，院前急救由各医院分片出诊的模式。如广州市的急救通信指挥中心，即广州模式。实际上相似于日本的急救医疗情报中心。其优点是合理有效地利用现有的医疗资源，分片就近提高了急救的反应时间及抢救效率，并防止不论轻重急症集中到某一大医院造成其医疗的忙乱，影响救治效果。但是，它本身不具有生命支持能力。

E 型模式，即小城市（县）三级急救网络模式。如潜江市依托综合性医院的急救中心（Ⅲ级），Ⅱ级急救站设在区卫生院，Ⅰ级急救点设在乡、镇卫生所，使三级急救组织之间有机地联系起来。此模式也类同于某些大企业中的三级抢救网，如企业的中心急救站（Ⅲ级）、分厂保健站（Ⅱ级）、车间培训过的安全员和卫生员（Ⅰ级），如宝钢、邯郸钢铁总厂的中心急救站。

二、应急救援原则与特点

1. 应急救援的原则

生产现场急救总的任务是采取及时有效的急救措施和技术，最大限度地减少伤病员的疾苦，降低致残率，减少死亡率，为医院抢救打好基础。应急救援必须遵守以下六条原则：

（1）先复后固的原则。指遇有心跳呼吸骤停又有骨折者，应首先用口对口呼吸和胸外按压等技术使心、肺、脑复苏，直至心跳呼吸恢复后，再进行骨折固定。

（2）先止后包的原则。指遇有大出血又有创口者时，首先立即用指压、止血带或药物等方法止血，接着再消毒创口进行包扎。

（3）先重后轻的原则。指遇有垂危的和较轻的伤病员时，应优先抢救危重者，后抢救较轻的伤病员。

（4）先救后运的原则。发现伤病员时，应先救后送。在送伤病员到医院途中，不要停顿抢救措施，继续观察病、伤变化，少颠簸，注意保暖，平安抵达最近医院。

（5）急救与呼救并重的原则。在遇有成批伤病员、现场还有其他参与急救的人员时，要紧张而镇定地分工合作，急救和呼救可同时进行，以较快地争取到急救外援。

（6）搬运与急救一致性的原则。在运送危重伤病员时，应与急救工作协调，步调一致，争取时间，在途中应继续进行抢救工作，减少伤病员不应有的痛苦和死亡，安全到达目的地。

2. 应急救援的特点

（1）突发性。生产现场急救的往往是在人们预料之外突然发生的伤害性事件中出现的伤员或病员，有时是单个的，有时是少数的，有时是成批的，有时是分散的，有时是集中的。常见伤病员多为垂危者，不仅需要在场人员参加急救，往往还需要场外更多的人参加急救。

（2）紧迫性。突发性伤害事故发生后，伤员的伤情复杂得多，一人有两个以上器官同时受损的多，病情垂危的多，病员在呻吟的多，伤病员呼救心情都十分紧迫。心跳呼吸骤停 6 分钟，则出现大小便失禁、昏迷，脑细胞发生不可逆转的损害。4 分钟内开始心肺复苏，可能有 50%被救活；10 分钟开始复苏者 100%不能存活。因此，时间就是生命，必须分秒必争，将心跳、呼吸骤停者，采用复苏技术，从临危的边缘抢救回来；对大出血、骨折等伤害者，用止血、固定等方法进行救治。否则，即会出现“差之毫厘，谬以千里”的严重错误。

（3）艰难性。艰难性是指伤病员种类多、伤情重，一个人身上可能有多个系统、多个器官同时受损，需要具有丰富的医学知识、过硬的技术才能完成急救任务。实际上常常是伤病员多、要求急、要求高与医疗知识少的不适应局面。有的伤害虽然伤病员比较少，但常常是在突然紧急的情况下，甚至伤病员身边无人，更无专业卫生人员，只能依靠过路人来提供帮助与急救。这种情况对学过医学的和受过训练或未受过训练的人们，都是一个难题。

（4）灵活性。生产现场急救常常是在缺医少药的情况下进行的，常无齐备的抢救器材、药品和转运工具。因此，要机动灵活地在病、伤员周围寻找代用品，修旧利废，就地取材获得冲洗消毒液、绷带、夹板、担架等；否则，就会丢掉抢救时机，给伤病员造成更大灾难和不可挽救的恶果。

三、应急救援的基本步骤

事故现场急救应按照紧急呼救、判断伤情和救护三大步骤进行。

1. 紧急呼救

当事故发生，发现了危重伤员，经过现场评估和病情判断后需要立即救护，同时立即向专业急救机构（EMS）或附近担负院外急救任务的医疗部门、社区卫生单位报告，常用的急救电话为120。由急救机构立即派出专业救护人员、救护车至现场抢救。

（1）救护启动。救护启动称为呼救系统开始。呼救系统的畅通，在国际上被列为抢救危重伤员的“生命链”中的“第一环”。有效的呼救系统，对保障危重伤员获得及时救治至关重要。

应用无线电和电话呼救。通常在急救中心配备有经过专门训练的话务员，能够对呼救做出迅速、适当应答，并能把电话接到合适的急救机构。城市呼救网络系统的“通信指挥中心”应当接收所有的医疗（包括灾难等意外伤害事故）急救电话，根据伤员所处的位置和病情，指定就近的急救站去救护伤员。这样可以大大节省时间，提高效率，便于伤员救护和转运。

（2）呼救电话须知。紧急事故发生时，须报警呼救，最常使用的是呼救电话。使用呼救电话时必须要用最精炼、准确、清楚的语言说明伤员目前的情况及严重程度、伤员的人数及存在的危险、需要何类急救。如果不清楚身处位置的话，不要惊慌，因为救护医疗服务系统控制室可以通过地球卫星定位系统追踪其正确位置。

一般应简要、清楚地说明以下几点：

1）你的（报告人）电话号码与姓名，伤员姓名、性别、年龄和联系电话。

2）伤员所在的确切地点，尽可能指出附近街道的交汇处或其他显著标志。

3）伤员目前最危重的情况，如昏倒、呼吸困难、大出血等。

4）灾害事故、突发事件时，说明伤害性质、严重程度、伤员的人数。

5）现场所采取的救护措施。

注意，不要先放下话筒，要等救护医疗服务系统（EMS）调度人员先挂断电话。

（3）单人及多人呼救。在专业急救人员尚未到达时，如果有多人在现场，一名救护人员留在伤员身边开展救护，其他人通知医疗急救部门机构。如为意外伤害事故，要分配好救护人员各自的工作，分秒必争、组织有序地实施伤员的寻找、脱险、医疗救护工作。

在伤员心脏骤停的情况下，为挽救生命，抓住“救命的黄金时刻”，可立即进行心肺复苏，然后迅速拨打电话。如有手机在身，则进行 1～2 分钟心肺复苏后，在抢救间隙中打电话。

任何年龄的外伤或呼吸暂停患者，打电话呼救前接受 1 分钟的心肺复苏是非常必要的。

2. 判断危重伤情

在现场巡视后，对伤员进行最初评估。发现伤员，尤其是处在情况复杂的现场，救护人员需要首先确认并立即处理威胁生命的情况，检查伤员的意识、气道、呼吸、循环体征等。判断危重伤情的一般步骤和方法如下：

（1）意识。先判断伤员神志是否清醒。在呼唤、轻拍、推动时，伤员会睁眼或有肢体运动等其他反应，表明伤员有意识。如伤员对上述刺激无反应，则表明意识丧失，已陷入危重状态。伤员突然倒地，然后呼之不应，情况多为严重。

（2）气道。呼吸必要的条件是保持气道畅通。如伤员有反应但不能说话、不能咳嗽、憋气，可能存在气道梗阻，必须立即检查和清除。如进行侧卧位和清除口腔异物等。

（3）呼吸。评估呼吸。正常人每分钟呼吸 12～18 次，危重伤员呼吸变快、变浅乃至不规则，呈叹息状。在气道畅通后，对无反应的伤员进行呼吸检查，如伤员呼吸停止，应保持气道通畅，立即施行人工呼吸。

（4）循环体征。在检查伤员意识、气道、呼吸之后，应对伤员的循环体征进行检查。可以通过检查循环的体征（如：呼吸、咳嗽、运动、皮肤颜色、脉搏情况）来进行危重伤情判断。

成人正常心跳每分钟 60～80 次。呼吸停止，心跳随之停止；或者心跳停止，呼吸也随之停止；心跳呼吸几乎同时停止也是常见的。心跳反映在手腕处的桡动脉、颈部的颈动脉，能够较易触到。

心律失常以及严重的创伤、大失血等危及生命时，心跳或加快，超过每分钟 100 次；或减慢，每分钟 40～50 次；或不规则，忽快忽慢，忽强忽弱，均为心脏呼救的信号，都应引起重视。

如伤员面色苍白或青紫，口唇、指甲发绀，皮肤发冷等，可以知道皮肤循环和氧代谢情况不佳。

（5）瞳孔反应。眼睛的瞳孔又称“瞳仁”，位于黑眼球中央。正常时双眼的瞳孔是等大圆形的，遇到强光能迅速缩小，很快又回到原状。用手电筒突然照射一下瞳孔即可观察到瞳孔的反应。当伤员脑部受伤、脑出血、严重药物中毒时，瞳孔可能缩小为针尖大小，也可能扩大到黑眼球边缘，对光线不起反应或反应迟钝。有时因为出现脑水肿或脑疝，使双眼瞳孔一大一小。瞳孔的变化表示脑病变的严重性。

当完成现场评估后，再对伤员的头部、颈部、胸部、腹部、盆腔和脊柱、四肢进行检查，看有无开放性损伤、骨折畸形、触痛、肿胀等体征，有助于对伤员的病情判断。

还要注意伤员的总体情况，如：表情淡漠不语、冷汗口渴、呼吸急促、肢体不能活动等现象为病情危重的表现；对外伤伤员应观察神志不清程度，呼吸次数和强弱，脉搏次数和强弱；注意检查有无活动性出血，如有应立即止血。严重的胸腹部损伤容易引起休克、昏迷甚至死亡。

3. 救护基本步骤

灾害事故现场一般都很混乱，组织指挥特别重要，应快速组成临时现场救护小组，统一指挥，加强灾害事故现场一线救护，这是保证抢救成功的关键措施之一。

避免慌乱，尽可能缩短伤后至抢救的时间，强调提高基本治疗技术是做好灾害事故现场救护的最重要的问题。要善于应用现有的先进科技手段，体现“立体救护、快速反应”的救护原则，提高救护的成功率。

现场救护原则是先救命后治伤，先重伤后轻伤，先抢后救，抢中有救，尽快脱离事故现场，先分类再运送，医护人员以救为主，其他人员以抢为主，各负其责，相互配合，以免延误抢救时机。同时，现场救护人员应注意自身防护。

“第一目击者”及所有救护人员应牢记：现场对垂危伤员抢救的首要目的是“救命”。为此，实施现场救护的基本步骤可以概括如下：

（1）采取正确的救护体位。对于意识不清者，取仰卧位或侧卧位，以便于复苏操作及评估复苏效果。在可能的情况下，翻转为仰卧位（心肺复苏体位）时，应放在坚硬的平面上，救护人员需要在检查后，进行心肺复苏。

若伤员没有意识但有呼吸和脉搏，为了防止呼吸道被舌后坠或唾液及呕吐物阻塞引起窒息，伤员应采用侧卧位（复原卧式位），使唾液等容易从口中引流。体位应保持稳定，易于伤员翻转其他体位，保持利于观察和通畅的气道；超过 30 分钟，翻转伤员到另一侧。

注意不要随意移动伤员，以免造成伤害。如：不要用力拖动、拉起伤员，不要搬动和摇动已确定有头部或颈部外伤者等。有颈部外伤者在翻身时，为防止颈椎再次损伤引起截瘫，另一人应保持伤员头、颈部与身体同一轴线翻转，做好头、颈部的固定。其他骨折救护在下面叙述。

1）心肺复苏体位（仰卧位）操作方法：

①救护人员位于伤员的一侧。

②将伤员的双上肢向头部方向伸直。

③把伤员远离救护人员一侧的小腿放在另一侧腿上，两腿交叉。

④救护人员一只手托住伤员的头、颈部，另一只手抓住远离救护人员一侧的伤员腋下或胯部。

⑤将伤员呈整体地翻转向救护人员。

⑥伤员翻为仰卧位，再将伤员上肢置于身体两侧。

2）复原卧式（侧卧位）操作方法：

①救护人员位于伤员的一侧。

②救护人员将靠近自身的伤员手臂上举置于头部侧方，伤员另一手肘弯曲置于胸前。

③把伤员远离救护人员一侧的腿弯曲。

④救护人员用一只手扶住伤员肩部，另一只手抓住伤员胯部或膝部，轻轻将伤员侧卧。

⑤将伤员上方的手置于面颊下方，以维持头部后仰及防止面部朝下。

3）救护人员体位。救护人员在实施心肺复苏技术时，根据现场伤员的周围处境，选择伤员一侧，将两腿自然分开，与肩同宽间距跪贴于（或立于）伤员的肩、腰部，有利于实施操作。

4）其他体位。头部外伤者，取水平仰卧，头部稍稍抬高。如面色发红，则取头高脚低位；如面色青紫，则取头低脚高位。

（2）打开气道。伤员呼吸心跳停止后，全身肌肉松弛，口腔内的舌肌也松弛下坠而阻塞呼吸道。采用开放气道的方法，可使阻塞呼吸道的舌根上提，使呼吸道畅通。

用最短的时间，先将伤员衣领口、领带、围巾等解开，戴上手套迅速清除伤员口鼻内的污泥、土块、痰、呕吐物等异物，以利于呼吸道畅通，再将气道打开。

1）仰头举颏法：

①救护人员用一只手的小鱼际部位置于伤员的前额并稍加用力使头后仰，另一只手的食指、中指置于下颏将下颌骨上提。

②救护人员手指不要深压颏下软组织，以免阻塞气道。

2）仰头抬颈法：

①救护人员用一只手的小鱼际部位放在伤员前额，向下稍加用力使头后仰，另一只手置于颈部并将颈部上托。

②无颈部外伤可用此法。

3）双下颌上提法：

①救护人员双手手指放在伤员下颌角，向上或向后方提起下颌。

②头保持正中位，不能使头后仰，不可左右扭动。

③适用于怀疑颈椎外伤的伤员。

4）手钩异物：

①如伤员无意识，救护人员用一只手的拇指和其他四指，握住伤员舌和下颌后掰开伤员嘴并上提下颌。

②救护人员另一只手的食指沿伤员口角向内插入。

③用钩取动作，抠出固体异物。

（3）人工呼吸。

1）判断呼吸。检查呼吸，救护人员将伤员气道打开，利用眼看、耳听、皮肤感觉，在5秒钟内，判断伤员有无呼吸。

侧头用耳听伤员口鼻的呼吸声（一听），用眼看胸部或上腹部随呼吸而上下起伏（二看），用面颊感觉呼吸气流（三感觉）。如果胸廓没有起伏，并且没有气体呼出，伤员即不存在呼吸，这一评估过程不超过10秒钟。

2）人工呼吸。救护人员经检查后，判断伤员呼吸停止，应在现场立即给予伤员口对口（口对鼻、口对口鼻）、口对呼吸面罩等人工呼吸救护措施。

（4）胸外心脏按压。

1）检查循环体征。判断心跳（脉搏）应选大动脉测定脉搏有无搏动。触摸颈动脉，应在5～10秒钟内较迅速地判断伤员有无心跳。

①检查颈动脉。用一只手的食指和中指置于颈中部（甲状软骨）中线，手指从颈中线滑向甲状软骨和胸锁乳突肌之间的凹陷，稍加力度触摸到颈动脉的搏动。

②检查肱动脉。肱动脉位于上臂内侧，肘和肩之间，稍加力度检查是否有搏动。

③检查颈动脉不可用力压迫，避免刺激颈动脉窦使得迷走神经兴奋反射性地引起心跳停止，并且不可同时触摸双侧颈动脉，以防阻断脑部血液供应。

2）人工循环。救护人员判断伤员已无脉搏搏动，或在危急中不能判明心跳是否停止，脉搏也摸不清，不要反复检查耽误时间，而要在现场进行胸外心脏按压等人工循环及时救护。

（5）紧急止血。救护人员要注意检查伤员有无严重出血的伤口，如有出血，要立即采取止血救护措施，避免因大出血造成休克而死亡。

（6）局部检查。对于同一伤员，第一步处理危及生命的全身症状，再注意处理局部。要从头部、颈部、胸部、腹部、背部、骨盆、四肢各部位进行检查，检查出血的部位和程度、骨折部位和程度、渗血、脏器脱出和皮肤感觉丧失等。

首批进入现场的医护人员应对灾害事故伤员及时做出分类，做好运送前医疗处置，指定运送，救护人员可协助运送，使伤员在最短的时间内能获得必要的治疗。而且在运送途中要保证对危重伤员进行不间断的抢救。

对危重灾害事故伤员尽快送往医院救治，对某些特殊事故伤害的伤员应送专科医院救治。

第七章 应急恢复

第一节 应急恢复期间的管理

一、应急恢复的含义

应急恢复是指事故影响得到初步控制后，政府、社会组织和公民为使生产、工作、生活、社会秩序和生态环境尽快恢复到正常状态而采取的措施或行动。当应急阶段结束后，从紧急情况恢复到正常状态需要时间、人员、资金和正确的指挥，这时对恢复能力的预先估计将变得很重要。例如，已经预先评估的某一易发事故公路段，如果预先制订了恢复计划，就能在短短的数小时之内恢复到原来的水平。

1. 决定恢复时间长短的因素

恢复在应急阶段结束时开始，而决定恢复时间长短的因素包括：

（1）破坏与损失的程度。

（2）完成恢复所必需的人员、财力、技术的支持。

（3）相关法律法规。

（4）其他的因素（天气、地形、地势）。

2. 主要恢复活动

主要恢复活动可分为：

（1）管理的恢复。

（2）现场警戒。

(3) 对员工的帮助。

(4) 对破坏的估计。

(5) 工艺数据的搜集与记录。

(6) 事故的调查。

(7) 安全和应急系统的恢复。

(8) 法律。

(9) 保险与索赔。

(10) 公共关系。

二、应急恢复期间的管理

恢复阶段的管理有其独特性和挑战性。由于工厂某区域受破坏，生产可能不会立即恢复到正常状况。另外，可能会缺乏某些重要人员，或其暂时不能投入恢复行动。

恢复的成功与否，在很大程度上取决于它的管理水平。必须有一位受人尊敬的管理者来负责恢复阶段的管理。管理层可能专门组建一个小组或行动队来执行恢复功能。

1. 恢复主管的委派及职责

在恢复开始阶段，接受委派的恢复主管需要暂时放下其正常工作，集中精力进行恢复建设。恢复主管最好由能力突出、具有大局观的人来担任。其主要职责包括：协调恢复小组的工作，分配任务和确定责任，督察设备检修和测试，检查使用的清除方法，与内部组织（公司、法律、保险）和外部机构（管理部门、媒体、公众）的代表进行交流、联络。

2. 恢复工作组的组成

从一个重大事故中恢复，所有事情不可能只由恢复主管一个人来完成。因此，保证一个完全、成功的恢复必须组建恢复工作组。工作组的组成要根据事故的大小确定，一般应包括部分或所有以下人员：

(1) 工程。

（2）维修。

（3）生产。

（4）采购。

（5）环境。

（6）健康和安全。

（7）人力资源。

（8）公共关系。

（9）法律。

恢复工作组也可包括来自于工会、承包商、供货商的代表。在预先准备期间，应确定并培训有关恢复人员，便于他们在紧急事故后迅速发挥作用。但是，如果事前没有确定恢复工作组的人员，恢复主管要立刻分派组员。在工厂最高管理层支持下，恢复主管应该保证每个组员在恢复期间投入足够时间，如有必要，可让其暂时停止正常工作，直到恢复结束。

3. 重要的恢复功能项目及检查

恢复主管应该定期召开工作会议，了解工作进展，解决新出现的问题，直到受损害区域完成恢复正常。恢复主管的一个重要职责是确定以下重要的恢复功能的优先性和协调它们的相互关系：

（1）现场警戒和安全。

（2）员工救助。

（3）损失状况评估。

（4）工艺数据收集。

（5）现场恢复与事故调查。

（6）法律。

（7）保险和财务。

（8）公共关系和通信联络。

（9）商业关系。

表7—1是主要恢复功能的检查表。

表 7—1 恢复管理检查表

1. 安全区域 · 维持事故现场的安全
2. 员工救助 · 提供充足的医疗救助 · 安抚死伤员工的家属 · 帮助员工从个人损失中恢复
3. 通报 · 执行通报程序 · 通知不当班人员的有关任务 · 通知保险公司和有关政府管理部门 · 向员工进行简要介绍 · 保持供货方与销售方的联系
4. 事故调查 · 搜集所有与事故相关的重要工艺数据 · 保存详细的记录资料。可用录音机录下所有的决定，对损失情况进行拍摄或录像。 · 考虑所有相关的损坏价值。对于采购和修理工作，制定专门的工作顺序号码和费用记录。 · 协调与有关部门的行动 · 评估受损财产价值 · 评价停产的影响
5. 运作 · 建立恢复生产的优先性 · 保护未受损坏财产 · 关闭建筑物开口 · 消除烟雾、水以及废墟 · 防止设备受潮 · 保护财产 · 恢复电力 · 进行抢救行动。把受损财产与未受损财产分隔开保存，受损财物直到保险公司来进行验证。清除外部不受天气状况影响的障碍物。 · 列出受损物品清单，一般要与保险公司人员一起进行。列出抢救人员搬迁物品及数量。 · 保存所有送往垃圾场的物品记录。 · 恢复设备和财产。对于重大修复工作，与保险公司人员和有关管理部门查对恢复计划。

第二节　应急恢复的重要事项

一、现场警戒和安全

一旦应急反应结束，由于以下原因必须隔离事故现场：

1. 事故区域还可能造成人员伤害。

2. 事故调查组需要查明事故原因，因此不能破坏和干扰现场证据。

3. 如果伤亡情况严重，需要政府部门（安全生产局等）进行官方调查。

4. 其他管理部门（环保局、卫生部门）也可能要进行调查。

5. 保险公司要确定损坏程度。

6. 工程技术人员需要检查该区域，以确定损坏程度和可抢救的设备。

该区域应该用鲜艳的彩带、标志或其他设施装置围成警戒区。保安人员应防止无关人员入内。管理层应向保安人员提供授权进入此区域的名单，还要通知保安人员如何处理管理部门的检查。

安全和卫生人员应该确定存在的污染或危险性。如果此区域可能给人员带来危险，应采取一定的安全措施，包括个人防护设备，通知所有进入人员受破坏区的安全限制等。

二、员工救助

员工是公司最宝贵的财富，在完成恢复的过程中是极其重要的。然而在一定程度上所有人员都受到事故影响，员工由于要考虑自身情况，也许无法全力投入工作。因此，紧急情况过后，员工可能需要公司的救助。

1. 公司对员工的恢复和援助

公司对员工的恢复和援助应包括：

（1）保证紧急情况发生后向员工提供充分的医疗救助。

（2）按公司有关规定，对伤亡人员的家庭进行安抚。

（3）如果紧急事故影响到员工的住处，应协助或保证员工有时间进行个人住处的恢复。

2. 公司应考虑向员工提供的帮助

根据损坏情况大小和程度，公司应考虑向员工提供以下帮助：

（1）现金预付。

（2）薪水照常发放。

（3）弹性或削减工作时间。

（4）咨询服务。

（5）日托。

3. 监督员的作用

紧急情况发生后，恢复主管应向所有管理层和监督人员提供员工的身心状况。提供咨询、放假以及其他帮助可以很大程度上降低员工的压力，确保工厂很快恢复正常。

监督员应该留意员工的行为变化，灾难事故后引起的压力会导致工作效率低下。需注意的一些症状包括：

（1）慢性肠胃不适。

（2）发困。

（3）头疼、起皮疹、易怒。

（4）记忆力下降，不能集中注意力。

（5）过度敏感。

（6）工作时有导致事故的倾向。

（7）饮食习惯变化。

（8）饮酒和吸烟量加大。

（9）社会交往时显现出：灰心、退却、爱说脏话、好争吵、爱发脾气。

(10) 其他明显、不平常的行为变化。

召开非正式会议，提供员工说明紧急情况期间家庭发生变化状况的机会，相互交流感受和认识。如必要，可安排心理医生帮助员工从紧急事故中恢复过来。安全主管或其他主管也应该保证其应急队员的情绪稳定。

4. 人力资源部门

是否有人员协助恢复或保证生产进行，将直接取决于紧急情况对每个人员的影响。对于亲友伤亡或住所受损的员工，人力资源部门应：

(1) 安排员工有时间安排葬礼、探病或就诊，分发救灾贷款，使员工个人生活尽快恢复正常。

(2) 确定工作日程安排，尽可能安排员工工作。

(3) 协助没有岗位的员工找到新工作。

(4) 向员工提供其他援助，例如：现金预付，灵活减少工作时间或日托护理等。

5. 政府救助

如果员工所居住的社区也在灾难影响范围内，也可得到各种政府救助。恢复主管应该考虑与地方应急管理部门领导联系，以便员工能尽快登记政府援助申请。

三、损失状况评估

还有一个恢复功能是损失状况评估，主要集中在紧急事故后如何修复工厂。这应尽快进行，但不能干扰事故调查。恢复主管应委派一个专门小组来执行这项任务，队员应该包括工程、财务、采购和维修人员。在完成损坏评估和确定恢复优先性后，就可进行清除和初步恢复生产行动。因为损失评估和初步恢复生产密切关联，需要有执行损失评估小组监督清除和初步恢复生产行动。对长期房屋建造和复杂重建工程将转交给公司的正常管理部门进行管理。

损失评估小组可使用损失评估检查表的方式来检查受影响区域。完成损失评估后，评估小组应开会查对这些条目。每个需要立即修理或恢复的项目都应分派专人或专门部门负责。采购部门应该负责尽快办理所有重要的申请。

损坏的设备应该放置到安全存放区域进行恰当处理。在进行设备处理前，应确保事故调查组对设备已查验，并记录存档。此后，应在损失评估检查表上记录修理方法和完成日期。

确定恢复、重建的方式和规模时，应考虑：

1. 确定日程表和造价。

2. 确定计划、图纸和签约标准。

3. 雇用承包人和/或分派人员。

前期应确定有关合同安排，包括记录抢救和保存状况、设备修理、动土工程、废墟清理。在整个恢复阶段要经常进行拍摄或录像，便于将来存档。

清除和重建破坏区是恢复行动最主要的内容，对许多人来说，一旦修建完成恢复也就结束，可是许多其他的恢复行动也很重要，需要进行。

四、工艺数据的收集

事故后，生产和技术人员的一项职责是收集所有导致事故以及事故期间的工艺数据，这些数据一般包括：

1. 有关物质的存量。

2. 事故前的工艺状况（温度、压力、流量）。

3. 操作人员（或其他人员）观察到的异常情况（噪音、泄漏、天气状况、地震等）。

必须立刻恢复计算机内的工艺记录，以免丢失。收集事故工艺数据对于调查事故的原因和预防以后类似事故的发生是非常重要的。

五、现场恢复与事故调查

1. 现场恢复

现场恢复是指将事故现场恢复到相对稳定、安全的基本状态。根据事故类型和损害的严重程度，具体问题应具体解决，主要考虑以下内容：

（1）宣布应急结束。

（2）组织重新进入和人群返回。

（3）受影响区域的连续检测。

（4）现场清理。

（5）恢复损坏区域的水、电等供应。

（6）抢救被事故损坏的物资和设备。

（7）恢复被事故影响的设备、设施。

（8）事故调查。

2. 事故调查

事故调查主要集中在事故如何以及为什么发生，以查明根本原因。事故调查的目的是辨识操作程序、工作环境或安全管理中需要改进的地方，以避免事故再次发生。

（1）根据工厂惯例，事故调查组应该由各种技术人员和操作人员（工程师、安全专家、工艺操作人员等）所组成。调查组按以下步骤展开工作：

1）查看事故现场。

2）搜集与整理证据。

3）确认和采访证人。

4）查看事故现场的图片和录像。

5）查对工艺数据。

完成以上工作后，事故调查组应按公司有关章程或其他有关事故调查的规定来分析事故。主要目的是辨识和评估事故发生的原因

(根本原因和促发原因)，确定和评估纠正措施和纠正行动的任务分配。调查小组在其报告中应详细记录调查结果和建议。报告应清楚说明哪项纠正行动在报告公布时已经完成；哪项改正行动正在计划中（包括实施进度表）；也要汇报建议采取的行动，但需要上级管理人员批准或需要进一步研究和确认完成这些建议行动的责任分配。

(2) 工厂应制定关于事故调查的程序，包括侥幸事件。一般出现以下一种情况，就应进行正式而广泛的事故调查：

1）发生死亡、严重伤害或大量财产损失。

2）查看显示以后此类事故发生可能性很高。

3）调查表明如果同样事故发生还可能造成更严重的后果。

4）以前没有发现的危险。

5）暴露的风险远高于以前估计的结果。

6）其他分析事故根源所需的技术信息或技能。

六、法律

恢复主管在实施恢复行动的过程中应配备一名法律代表。因为在任何重大的事故发生后，很可能要涉及司法责任和行政责任问题。法律代表应提供建议，以帮助遵守相关法令，并使企业避免有关债务问题。

七、保险

保险问题是恢复过程不可缺少的一部分。许多公司进行自保，存在次级保险，因此要与公司有关部门主管联系。保险公司提供的保险额度对确定恢复的大小和规模起着很重要的作用。

八、公共信息和联络

恢复主管应与公众和其他风险承担者进行公开对话，这包括：地方应急管理官员、邻近企业和大众、其他社区官员、员工、企业所有者、顾客、供应商等。

这种交流联络的目的是通知他们恢复阶段的进展状况，可采用以下联络方式：

1. 新闻发布会。

2. 电视和电台广播。

3. 向市民、会员、其他组织进行介绍。

4. 企业的参观视察。

企业应该定期向员工和社区通知恢复的最新进展。这种联络的中心目的是采取措施避免或减少此类事故再次发生的可能性，还有就是保证公众所有受损财物将会得到妥善处理。

如果企业的紧急情况造成附近居民的损害或疏散，企业应考虑立即支付修理费用和个人赔偿。

九、商业关系

事故发生后立即通知顾客和供货商有关的事故情况和对他们的影响，这可以使对顾客和供货商的影响减小到最低程度。

处理商业关系的首要步骤是确定：

1. 目前现有供货量或完成的产品量。

2. 可从其他企业调剂的供货量或完成的产品量。

3. 产品运输的资源。

4. 恢复生产的时间估算。

这些信息应与企业管理层共同确定，减少生产损失的计划也要定出。

恢复主管或采购部门的代表应通知供应商把货物发送到其他厂家或暂时停止供货。管理人员应该根据现有协议，考虑接收供货的法律责任。

销售部门应该通知所有顾客紧急情况对他们的影响。如果企业不能满足顾客的需求，可能需要安排其他厂家向顾客提供产品，直到企业恢复生产。当恢复操作继续进行时，应定期通知顾客和供货商恢复进展状况和预计重新投产的时间。

第三节　应急结束及应急后评估

一、应急结束

1. 应急结束的条件

符合下列条件之一的，即满足应急结束条件：

（1）事故现场得到控制，事故条件已经消除，紧急情况解除。

（2）危险源的泄漏或释放已降至规定限值以内。

（3）事故所造成的危害已经被彻底消除，无继发可能。

（4）事故现场的各种专业应急处置行动已无继续的必要。

（5）采取了必要的防护措施以保护公众免受再次危害，并使事故可能引起的中长期影响趋于合理且尽量低的水平。

2. 事故应急救援结束程序

（1）现场救援指挥部确认终止时机，或事故责任单位提出，经现场救援指挥部批准，确定事故应急救援工作结束。

（2）现场救援指挥部向所属各专业应急救援队伍下达应急终止命令；通知本单位相关部门、周边社区及人员事故危险已解除。

（3）应急状态终止后，应根据有关指示和实际情况，继续进行环境监测和评价工作。

3. 应急结束后的行动

（1）突发性事故应急处理工作结束后，应组织相关部门认真总结、分析，吸取事故教训，及时进行整改。

（2）组织各专业组对应急计划和实施程序的有效性、应急装备的可行性、应急人员的素质和反应速度等做出评价，并提出对应急预案的修改意见。

(3) 参加应急行动的部门负责组织、指导各类应急队伍维护、保养应急仪器设备，使之始终保持良好的技术状态。

二、应急后评估

应急后评估是指在突发公共事件应急工作结束后，为了完善应急预案，提高应急能力，对各阶段应急工作进行的总结和评估。事故应急救援结束后，结合应急预案的启动和执行情况，可以提出如下问题，见表 7—2。

表 7—2　　应急预案应急后评估情况表

评估内容	评估项目
应急预案内容是否具有科学性和可操作性	应急预案启动条件的设置是否科学 应急组织体系的组织是否合理 各机构的职责定位是否合理、明确 各机构间的协调机制是否完善 应急程序的设置是否科学
应急预案所规定的各种准备工作是否到位	事故预报预警、检测工作是否满足需要 参加救援的人员配置是否合理 参加救援的人员数量是否能够满足需要 参加救援的人员是否能胜任工作 参加救援的人员是否能够在第一时间到位 应急物资储备是否合理 应急物资数量和质量是否能够满足需要 物资的调拨是否及时、合理 应急装备配置是否合理 应急装备数量和质量是否能够满足需要

续表

评估内容	评估项目
是否正确执行应急响应程序和采取合理行动	各类应急响应程序是否及时启动 各相关部门是否有效执行应急预案的既定职责 事故受害人员的转移安置工作是否及时、妥当 事故涉及基础设施是否能够及时恢复 媒体宣传报道是否合理 社会动员工作是否到位

通过分析这些问题的答案对应急预案进行应急后评估。

应急后评估可以通过日常的应急演练和培训，或通过对事故应急过程的分析和总结，结合实际情况对预案的统一性、科学性、合理性和有效性以及应急救援过程进行评估，根据评估结果对应急预案以及应急流程等进行定期修订。对前一种方式而言，生产经营单位可以按照有关规定，结合本企业实际通过桌面演练、实战模拟演练等不同形式的预案演练，经过评估后解决企业内部门之间以及企业同地方政府有关部门的协同配合等问题，增强预案的科学性、可行性和针对性，提高快速反应能力、应急救援能力和协同作战能力。

附录

生产经营单位生产安全事故应急预案编制导则（GB/T 29639—2013）

1　范围

本标准规定了生产经营单位编制生产安全事故应急预案（以下简称应急预案）的编制程序、体系构成和综合应急预案、专项应急预案、现场处置方案以及附件。

本标准适用于生产经营单位的应急预案编制工作，其他社会组织和单位的应急预案编制可参照本标准执行。

2　规范性引用文件

下列文件对于本文件的应用是必不可少的。凡是注日期的引用文件，仅注日期的版本适用于本文件。凡是不注日期的引用文件，其最新版本（包括所有的修改单）适用于本文件。

GB/T 20000.4 标准化工作指南 第 4 部分：标准中涉及安全的内容

AQ/T 9007 生产安全事故应急演练指南

3　术语和定义

下列术语和定义适用于本文件。

3.1　应急预案 emergency plan

为有效预防和控制可能发生的事故，最大程度减少事故及其造成损害而预先制定的工作方案。

3.2　应急准备 emergency preparedness

针对可能发生的事故，为迅速、科学、有序地开展应急行动而预先进行的思想准备、组织准备和物资准备。

3.3　应急响应 emergency response

针对发生的事故，有关组织或人员采取的应急行动。

3.4　应急救援 emergency rescue

在应急响应过程中，为最大限度地降低事故造成的损失或危害，防止事故扩大，而采取的紧急措施或行动。

3.5　应急演练 emergency exercise

针对可能发生的事故情景，依据应急预案而模拟开展的应急活动。

4　应急预案编制程序

4.1　概述

生产经营单位应急预案编制程序包括成立应急预案编制工作组、资料收集、风险评估、应急能力评估、编制应急预案和应急预案评审6个步骤。

4.2　成立应急预案编制工作组

生产经营单位应结合本单位部门职能和分工，成立以单位主要负责人（或分管负责人）为组长，单位相关部门人员参加的应急预案编制工作组，明确工作职责和任务分工，制订工作计划，组织开展应急预案编制工作。

4.3　资料收集

应急预案编制工作组应收集与预案编制工作相关的法律法规、技术标准、应急预案、国内外同行业企业事故资料，同时收集本单位安全生产相关技术资料、周边环境影响、应急资源等有关资料。

4.4　风险评估

主要内容包括：

a）分析生产经营单位存在的危险因素，确定事故危险源；

b）分析可能发生的事故类型及后果，并指出可能产生的次生、衍生事故；

c）评估事故的危害程度和影响范围，提出风险防控措施。

4.5　应急能力评估

在全面调查和客观分析生产经营单位应急队伍、装备、物资等应急资源状况基础上开展应急能力评估，并依据评估结果，完善应急保障措施。

4.6　编制应急预案

依据生产经营单位风险评估以及应急能力评估结果，组织编制应急预案。应急预案编制应注重系统性和可操作性，做到与相关部门和单位应急预案相衔接。应急预案编制格式参见附录A。

4.7　应急预案评审

应急预案编制完成后，生产经营单位应组织评审。评审分为内部评审和外部评审，内部评审由生产经营单位主要负责人组织有关部门和人员进行。外部评审由生产经营单位组织外部有关专家和人员进行评审。应急预案评审合格后，由生产经营单位主要负责人（或分管负责人）签发实施，并进行备案管理。

5　应急预案体系

5.1　概述

生产经营单位的应急预案体系主要由综合应急预案、专项应急预案和现场处置方案构成。生产经营单位应根据本单位组织管理体系、生产规模、危险源的性质以及可能发生的事故类型确定应急预案体系，并可根据本单位的实际情况，确定是否编制专项应急预案。风险因素单一的小微型生产经营单位可只编写现场处置方案。

5.2　综合应急预案

综合应急预案是生产经营单位应急预案体系的总纲，主要从总体上阐述事故的应急工作原则，包括生产经营单位的应急组织机构及职责、应急预案体系、事故风险描述、预警及信息报告、应急响应、保障措施、应急预案管理等内容。

5.3　专项应急预案

专项应急预案是生产经营单位为应对某一类型或某几种类型事

故，或者针对重要生产设施、重大危险源、重大活动等内容而定制的应急预案。专项应急预案主要包括事故风险分析、应急指挥机构及职责、处置程序和措施等内容。

5.4　现场处置方案

现场处置方案是生产经营单位根据不同事故类型，针对具体的场所、装置或设施所制定的应急处置措施，主要包括事故风险分析、应急工作职责、应急处置和注意事项等内容。生产经营单位应根据风险评估、岗位操作规程以及危险性控制措施，组织本单位现场作业人员及安全管理等专业人员共同编制现场处置方案。

6　综合应急预案主要内容

6.1　总则

6.1.1　编制目的

简述应急预案编制的目的。

6.1.2　编制依据

简述应急预案编制所依据的法律、法规、规章、标准和规范性文件以及相关应急预案等。

6.1.3　适用范围

说明应急预案适用的工作范围和事故类型、级别。

6.1.4　应急预案体系

说明生产经营单位应急预案体系的构成情况，可用框图形式表述。

6.1.5　应急工作原则

说明生产经营单位应急工作的原则，内容应简明扼要、明确具体。

6.2　事故风险描述

简述生产经营单位存在或可能发生的事故风险种类、发生的可能性以及严重程度及影响范围等。

6.3　应急组织机构及职责

明确生产经营单位的应急组织形式及组成单位或人员，可用结构图的形式表示，明确构成部门的职责。应急组织机构根据事故类型和应急工作需要，可设置相应的应急工作小组，并明确各小组的工作任务及职责。

6.4　预警及信息报告

6.4.1　预警

根据生产经营单位检测监控系统数据变化状况、事故险情紧急程度和发展势态或有关部门提供的预警信息进行预警，明确预警的条件、方式、方法和信息发布的程序。

6.4.2　信息报告

信息报告程序主要包括：

a）信息接收与通报

明确24小时应急值守电话、事故信息接收、通报程序和责任人。

b）信息上报

明确事故发生后向上级主管部门、上级单位报告事故信息的流程、内容、时限和责任人。

c）信息传递

明确事故发生后向本单位以外的有关部门或单位通报事故信息的方法、程序和责任人。

6.5　应急响应

6.5.1　响应分级

针对事故危害程度、影响范围和生产经营单位控制事态的能力，对事故应急响应进行分级，明确分级响应的基本原则。

6.5.2　响应程序

根据事故级别的发展态势，描述应急指挥机构启动、应急资源调配、应急救援、扩大应急等响应程序。

6.5.3　处置措施

针对可能发生的事故风险、事故危害程度和影响范围，制定相应的应急处置措施，明确处置原则和具体要求。

6.5.4 应急结束

明确现场应急响应结束的基本条件和要求。

6.6 信息公开

明确向有关新闻媒体、社会公众通报事故信息的部门、负责人和程序以及通报原则。

6.7 后期处置

主要明确污染物处理、生产秩序恢复、医疗救治、人员安置、善后赔偿、应急救援评估等内容。

6.8 保障措施

6.8.1 通信与信息保障

明确可为生产经营单位提供应急保障的相关单位及人员通信联系方式和方法，并提供备用方案。同时，建立信息通信系统及维护方案，确保应急期间信息通畅。

6.8.2 应急队伍保障

明确应急响应的人力资源，包括应急专家、专业应急队伍、兼职应急队伍等。

6.8.3 物资装备保障

明确生产经营单位的应急物资和装备的类型、数量、性能、存放位置、运输及使用条件、管理责任人及其联系方式等内容。

6.8.4 其他保障

根据应急工作需求而确定的其他相关保障措施（如：经费保障、交通运输保障、治安保障、技术保障、医疗保障、后勤保障等）。

6.9 应急预案管理

6.9.1 应急预案培训

明确对生产经营单位人员开展的应急预案培训计划、方式和要求，使有关人员了解相关应急预案内容，熟悉应急职责、应急程序和现场处置方案。如果应急预案涉及社区和居民，要做好宣传教育和告知等工作。

6.9.2 应急预案演练

明确生产经营单位不同类型应急预案演练的形式、范围、频次、内容以及演练评估、总结等要求。

6.9.3 应急预案修订

明确应急预案修订的基本要求，并定期进行评审，实现可持续改进。

6.9.4 应急预案备案

明确应急预案的报备部门，并进行备案。

6.9.5 应急预案实施

明确应急预案实施的具体时间、负责制定与解释的部门。

7 专项应急预案主要内容

7.1 事故风险分析

针对可能发生的事故风险，分析事故发生的可能性以及严重程度、影响范围等。

7.2 应急指挥机构及职责

根据事故类型，明确应急指挥机构总指挥、副总指挥以及各成员单位或人员的具体职责。应急指挥机构可以设置相应的应急救援工作小组，明确各小组的工作任务及主要负责人职责。

7.3 处置程序

明确事故及事故险情信息报告程序和内容、报告方式和责任等内容。根据事故响应级别，具体描述事故接警报告和记录、应急指挥机构启动、应急指挥、资源调配、应急救援、扩大应急等应急响应程序。

7.4 处置措施

针对可能发生的事故风险、事故危害程度和影响范围，制定相应的应急处置措施，明确处置原则和具体要求。

8 现场处置方案主要内容

8.1 事故风险分析

主要包括：

a）事故类型；

b）事故发生的区域、地点或装置的名称；

c）事故发生的可能时间、事故的危害严重程度及其影响范围；

d）事故前可能出现的征兆；

e）事故可能引发的次生、衍生事故。

8.2 应急工作职责

根据现场工作岗位、组织形式及人员构成，明确各岗位人员的应急工作分工和职责。

8.3 应急处置

主要包括以下内容：

a）事故应急处置程序。根据可能发生的事故及现场情况，明确事故报警、各项应急措施启动、应急救护人员的引导、事故扩大及同生产经营单位应急预案的衔接的程序。

b）现场应急处置措施。针对可能发生的火灾、爆炸、危险化学品泄漏、坍塌、水患、机动车辆伤害等，从人员救护、工艺操作、事故控制，消防、现场恢复等方面制定明确的应急处置措施。

c）明确报警负责人以及报警电话及上级管理部门、相关应急救援单位联络方式和联系人员、事故报告基本要求和内容。

8.4 注意事项

主要包括：

a）佩戴个人防护器具方面的注意事项；

b）使用抢险救援器材方面的注意事项；

c）采取救援对策或措施方面的注意事项；

d）现场自救和互救注意事项；

e）现场应急处置能力确认和人员安全防护等事项；

f）应急救援结束后的注意事项；

g）其他需要特别警示的事项。

9 附件

9.1 有关应急部门、机构或人员的联系方式

列出应急工作中需要联系的部门、机构或人员的多种联系方式，当发生变化时及时进行更新。

9.2 应急物资装备的名录或清单

列出应急预案涉及的主要物资和装备的名称、型号、性能、数量、存放地点、运输和使用条件、管理责任人和联系电话等。

9.3 规范化格式文本

应急信息接报、处理、上报等规范化格式文本。

9.4 关键的路线、标识和图纸

主要包括：

a）警报系统分布及覆盖范围；

b）重要防护目标、危险源一览表、分布图；

c）应急指挥部位置及救援队伍行动路线；

d）疏散路线、警戒范围、重要地点等的标识；

e）相关平面布置图纸、救援力量的分布图纸等。

9.5 有关协议或备忘录

列出与相关应急救援部门签订的应急救援协议或备忘录。

附录A

应急预案编制格式

A.1 封面

应急预案封面主要包括应急预案编号、应急预案版本号、生产经营单位名称、应急预案名称、编制单位名称、颁布日期等内容。

A.2 批准页

应急预案应经生产经营单位主要负责人（或分管负责人）批准方可发布。

A.3　目次

应急预案应设置目次，目次中所列的内容及次序如下：

——批准页；

——章的编号、标题；

——带有标题的条的编号、标题（需要时列出）；

——附件，用序号表明其顺序。

A.4　印刷与装订

应急预案推荐采用 A4 版面印刷，活页装订。